치매예방을 위한 영양과 식단

장미경 지음

예감

머 리 말

국제연합(UN)은 65세 이상 노인인구 비율이 전체 인구의 7% 이상을 차지하는 사회를 고령화사회, 14% 이상이면 고령사회, 21% 이상이면 초고령사회로 구분하고 있다. 우리나라는 2000년 7월 1일을 기준으로 65세 이상의 인구가 전체 인구의 7.2%를 차지해 고령화사회에 진입했고, 2018년 9월 행정안전부 주민등록 인구통계에 따르면 노인인구의 비율이 14.6%를 나타내 본격적인 고령사회로 접어들었다고 할 수 있다.

고령화 사회가 된 많은 선진국의 큰 문젯거리인 치매는 주로 고령자에게서 볼 수 있는 정신병의 하나로써. 현재 우리나라의 65세 이상 노인 중 9%는 치매라 할 정도로 그 비율이 높으며 노인인구 증가에 따라 치매환자 수도 비례적으로 증가할 것이다.

치매환자는 본인과 수발 가족에게 큰 육체적 고통과 심적 고통을 동시에 가져다주며, 심하면 정신이 붕괴되어 가혹한 형벌을 받는다고도 표현한다. 따라서 치매예방은 가족의 행복을 위해서 가장 필요한 것이라고 할 수 있다.

현대의학의 발전으로 인간의 평균 수명이 100세까지 늘어날 것으로 전망하지만 문제는 증가한 신체의 수명만큼 사람의 뇌 기능을 유지하지 못한다는 점이다. 앞으로 과학의 발전으로 치매를 예방하는 약물이 나올지 모르나 지금까지는 한번 치매에 걸리면 완치가 어려운 것으로 알려져 있다. 그러므로 치매예방의 중요성이 점차 강조되면서 일상에 쉽게 적용 가능한 대안들이 각광받고 있다. 그 중에서도 식습관을 통해 치매를 예방할 수 있는 식품 관련 연구가 다방면에서 활발히 이뤄지고 있다.

명확한 사실관계는 더 규명되어야 하겠지만 여러 가지 실험을 통해서 치매에 좋은 음식과 예방하는 식습관을 통해 치매를 관리하는 사람들은 그렇지 않은 사람들에 비하여 치매의 위험을 줄이는 결과가 실제로 나타나고 있다. 따라서 치매를 예방하고 지연하기 위해서는 치매예방에 좋은 음식과 식습관을 생활화 해야 한다.

히포크라테스는 "음식으로 고치지 못하는 병은 약으로도 고칠 수 없다"고 했 다. 또한 우리말에 "밥 잘 먹는 것이 최고의 보약이다." 는 말이 있다. 이런 것 을 약식동원(藥食同源)이라고 한다. 즉 "약과 음식은 근원에서 같다"는 뜻이 며 다시 말해서 "음식을 잘 먹으면 건강해진다"는 뜻이다. 따라서 이 책은 먹는 음식을 통해 치매를 예방하고, 지연시킬 수 있다고 보고 관련 자료들을 모았다.

이 책은 치매의 원인과 증상을 알아보고, 치매를 예방하기 위한 영양과 식생 활습관과 치매를 예방하기 위한 식단 등을 생활 속에서 실천할 수 있는 노하우 들을 제시하고 있다. 이 책을 통하여 치매예방과 치매를 지연하는데 도움이 되 길 바란다.

지은이 장미경

목 차

제2부 치매 예방을 위한 요리

제1부 치매의 증상과 치매예방을 위한 영양

제1장 치매란 무엇인가?

치매란 대뇌 신경 세포의 손상 따위로 말미암아
인지기능과 고등정신기능 등이 지속적·본질적으로
상실되는 병을 말한다.

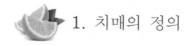 1. 치매의 정의

치매를 예방하기 위해서는 먼저 치매에 대해 정확하게 알아야 한다. 치매를 정확히 알지 못하고는 치매를 예방할 수 없기 때문이다.

과거에는 치매를 망령, 노망이라고 부르면서 노인이면 당연히 겪게 되는 노화 현상이라고 생각했으나 최근에는 치매를 하나의 질병으로 여기고 있다. 치매 환자들은 우울증이나 불안 등과 같은 이상행동을 나타내기도 하며 모두 똑같 고 별다른 치료법이 없다고 인식하기도 한다.

치매(dementia)라는 말은 원래 라틴어의 demens에서 유래된 말이다. demens의 의미를 보면 디(제거; de)＋멘스(정신; mens)고 결국은 '정신이 제거 된 것'이라는 의미를 가지고 있다. 따라서 영어의 dementia는 디(제거; de)＋멘스(정신; mens)＋티아(병; tia)라는 뜻이 결합된 용어로서, 문자 그 대로 '정신이 제거된 질병'으로 제정신이 아님을 의미한다.

한문으로 사용하는 치매(癡呆)의 의미를 보면 치(癡)는 '어리석다' 또는 '미 쳤다', 매(呆)는 '미련하다'는 뜻으로 결국 치매는 '어리석고 미련하다'는 의미 를 가지고 있다.

국어사전에서는 치매를 '대뇌 신경 세포의 손상 따위로 말미암아 지능, 의 지, 기억 따위가 지속적·본질적으로 상실되는 병'이라고 하였다.

건강 백과에서는 치매를 '치매는 일단 정상적으로 성숙한 뇌가 후천적인 외 상이나 질병 등 외인에 의하여 손상 또는 파괴되어 전반적으로 지능, 학습, 언 어 등의 인지기능과 고등 정신기능이 떨어지는 복합적인 증상'이라고 하였다.

세계보건기구(WHO)에서 펴낸 국제질병 분류를 보면 치매는 '뇌의 만성 또 는 진행성 질환에서 생기는 증후군이며 이로 인한 기억력, 사고력, 이해력, 계 산능력, 학습능력, 언어 및 판단력 등을 포함하는 고도의 대뇌피질 기능의 다발 성 장애'라고 정의하고 있다.

지금까지 나온 치매의 정의를 종합해 보면 치매는 정상적으로 생활해오던 사람이 다양한 원인으로 인해 뇌기능이 손상되면서 이전에 비해 인지 기능이 지속적이고 전반적으로 저하되어 일상생활에 상당한 지장이 나타나고 있는 상태라는 것을 의미하고 있다.

또한 치매는 단순히 기억력만 저하된 경우를 치매라고 하지 않으며, 인지영역의 전반적인 저하를 치매라고 한다. 그리고 치매는 한 가지 원인에 의해서 생기기보다는 다양한 원인에 의해서 생기는 뇌 질환으로 보고 있다.

따라서 치매에 대한 정의를 내려 보면 치매란 대뇌가 손상을 입어 인지기능의 저하와 언어능력의 저하, 신체적 기능이 지속적이고 전반적으로 손상되는 질환이라고 할 수 있다.

2. 치매의 실태

　의학계의 연구결과에 의하면 치매는 전 세계적으로 65세 이상 노인 중에서 약 5~10%정도의 유병율을 보이며, 연령의 증가와 더불어 매 5년마다 약 2배씩 유병율의 증가를 나타내고 있다고 한다.

　한국의 치매 유병율은 분당서울대학교병원 연구팀이 진행한 '2012년 치매 유병율 조사(보건복지부, 2013)' 결과를 보면 치매 유병율은 65세 이상 노인의 9.18%인 54만 1,000명(남성 15만 6,000명, 여성 38만 5,000명)으로 나타났다.

　치매의 종류별 분석을 해보면 알츠하이머형 치매는 가장 흔히 발생되는 치매로 전체의 약 50%를 차지하고 있고, 혈관성 치매는 약 20%, 그리고 알츠하이머형 치매와 혈관성 치매가 동시에 발생하는 경우는 약 15%인 것으로 알려져 있다. 결국 치매의 원인 중 가장 많은 것은 알츠하이머병과 혈관성 치매라고 할 수 있다.

<표 1-1> 치매의 종류별 분석

연도	알츠하이머형 치매	혈관성 치매	알츠하이머형 치매와 혈관성 치매 공통
비율	50%	20%	15%

　한국의 치매 유병율은 분당서울대학교병원 연구팀이 진행한 '2012년 치매 유병율 조사(보건복지부, 2013)' 결과를 보면 치매 유병율은 65세 이상 노인의 9.18%인 54만 1,000명(남성 15만 6,000명, 여성 38만 5,000명)으로 나타났다.

　보건복지부의 통계자료에 의하면 2012년 치매환자는 9.1%(63.4만 명)에서 2020년 10.3%(84만 명), 2050년에는 15.06%(217만 명)로 증가할 것으로 예측되고 있다. 통계자료를 분석해보면 치매 환자 수의 증가는 매 20년마다 약 2배씩 증가하는 것으로 나타났다.

<표 1-2> 치매환자 추이

구 분	2012년	2025년	2040년	2050년
65세 이상 인구 수	53.4만명	103만명	185만명	237만명
65세 이상 치매노인 비율	9.1%	10%	11.2%	13.2%

* 출처 : 보건복지부

조사결과를 분석해 보면 일반적으로 치매는 나이가 들수록 발병율이 높아지며, 남성보다는 여성이 치매에 노출될 확률이 높은 것으로 나타났다. 또한 고학력자보다는 저학력자가 치매에 걸릴 확률이 높은 것으로 나타났다.

고령화에 따른 노인 질병에 대해서도 관심이 증대 되었으며, 노인 질병 중에도 만성질환인 치매에 대한 사회적 관심이 높아졌다.

2018년 우리나라 65세 이상 노인 중 치매환자는 10%정도이며 미국이나 독일 등의 선진국 16%에 비해 절반 수준에 미치고 있다. 이는 '우리나라 노인에게 치매가 적다'라기 보다는 아직 치매를 의학적으로 접근하려는 경향이 낮은데서 기인한 결과이다.

 3. 치매의 원인

치매의 원인은 지금까지 알려진 것만 해도 100여 가지가 있다. 그러나 그 중에서 가장 많은 것이 알츠하이머형 치매와 혈관성 치매가 70~80%로 나타 났다. 따라서 치매를 예방하기 위해서는 알츠하이머형 치매와 혈관성 치매에 대해서 알아야 한다.

1) 알츠하이머형 치매

알츠하이머형 치매는 1907년 알로이스 알츠하이머가 질환의 뇌 병리 소견 을 처음 학계에 보고하였기에 그의 이름을 따서 알츠하이머 질환(AD : Alzheimer's Disease)이라고 명명하였다. 알츠하이머 질환은 치매환자 중 약 3분의 2를 차지하기 때문에 노인성 치매라고 부르기도 한다.

알츠하이머 질환은 흔히 나이가 들면서 서서히 인지기능과 일상생활 능력을 저하 시킨 후 죽음에 이르게 하는 대표적인 퇴행성 신경정신계 질환이다.

정신과의사인 알츠하이머는 수년간 진행성 치매로 사망한 여자의 뇌를 해부 해본 결과 육안으로 봐도 나이에 비해 뇌가 눈에 띄게 수축되어 있었으며, 조직 검사를 해보니 뇌신경 섬유가 엉켜진 것과 반점을 발견하였다.

이후 알츠하이머는 인지기능의 저하가 뚜렷한 환자를 부검해 뇌 조직을 볼 때마다 이와 유사한 소견을 발견할 수 있었다.

알츠하이머는 치매에 걸린 사람들이 지적 능력을 유지하는데 중요한 뇌 부위 에 있던 신경세포들이 많이 없어진 것과 이러한 뇌신경세포 사이에서 오가는 아주 복잡한 신호들을 서로 전달해주는데 필요한 어떤 특정 화학물질의 양이 많이 떨어져 있다는 것을 발견하였다. 그리고 알츠하이머는 치매가 매우 서서 히 발병하여 점진적으로 진행되는 경과가 특징적이라는 것을 발견하였다.

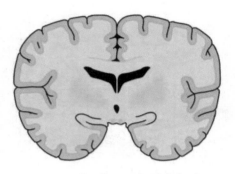 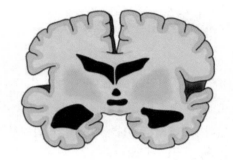

[그림 1-1] 건강한 뇌   [그림 1-2] 알츠하이머 병에 걸린 뇌

알츠하이머형 치매는 주로 65세 이후에 많이 나타나지만, 드물게 40, 50대에서도 발생한다. 발병 연령에 따라 65세 미만에서 발병한 경우를 조발성(초로기) 알츠하이머병, 65세 이상에서 발병한 경우 만발성(노년기) 알츠하이머병으로 구분할 수 있다.

알츠하이머 질환의 첫 번째 증상은 아주 가벼운 건망증이 나타나며, 초기에는 두통, 현기증, 우울증 등 정신증상으로 시작되는 경우가 많다. 이것이 점차 진행되면 고도의 기억력이 감퇴, 공간과 시간의 지남력 상실, 언어 구사력, 이해력, 읽고 쓰기 능력 등의 장애를 가지고 오게 된다. 그리고 이 시기를 지나면 경련발작이나 보행 장애가 나타난다. 그 이후에 질환에 걸린 환자는 불안해하기도 하고 매우 공격적이 될 수도 있으며, 집을 나와서 길을 잃어버리고 거리를 방황할 수도 있다.

2) 혈관성 치매

혈관성 치매는 치매 중에서 두 번째로 많은 것으로, 치매환자의 20%정도를 차지한다. 혈관성 치매는 다른 퇴행성 질환과 달리 고혈압과 뇌동맥 경화증, 당뇨병 등에 의한 뇌혈관 장애로부터 이차적으로 뇌세포에 변성을 일으키는 것을 말하며 다발성 뇌경색이라고도 한다.

혈관성 치매는 원인에 따라 여러 가지로 분류할 수 있다. 뇌에 피를 공급하는 뇌혈관들이 막히거나 좁아진 것이 원인이 되어 나타나거나, 반복되는 뇌졸중 (중풍 또는 풍)에 의해서도 나타날 수 있는데, 뇌 안으로 흐르는 혈액의 양이 줄거나 막혀 발생하게 된다.

뇌졸중은 뇌혈관이 막히거나 터져서 그 혈관에 의해 혈액공급을 받는 뇌 조직이 기능을 하지 못하여서 갑자기 나타나는 것이 특징이다. 뇌졸중에 걸린 사람들 중에 ¾이상이 혈관성 치매에 걸리는 것으로 나타났으며, 한국인의 3대 사망 원인 중 하나다.

혈관성 치매는 서서히 조금씩 진행되는 알츠하이머병 치매와는 달리 갑자기 치매현상을 보이거나 상당 기간에 걸쳐 호전과 악화의 경과를 보인다.

혈관성 치매에 걸리게 되는 경우는 과거에 뇌졸중의 경력이 있거나, 국소적인 신경학적 이상 소견을 가지는 것이 보통이다.

혈관성 치매의 초기증상은 두통, 현기증, 상하지의 무력감, 몸이 저리고 피로하기 쉬우며 집중곤란 등의 신경쇠약 증상으로 시작되는 경우가 많다. 그리고 인지능력이나 정신능력이 조금 나빠졌다가 그 수준을 유지하고 또 갑자기 조금 나빠졌다가 유지되고 하는 식의 단계적 악화의 양상을 보인다.

점차 신체적으로는 팔, 다리 등의 마비가 오거나 언어장애나 구동장애 또는 시야장애 등도 흔하게 나타난다. 인격변화는 비교적 초기에서부터 볼 수 있으며 원래의 성격이 첨예화되는 수가 많다.

혈관성 치매는 일단 발생하면 완치될 수 없으나, 초기에 자기공명영상장치 (MRI)를 통해 발견할 수 있으며, 적절한 치료를 받으면 더 이상의 악화는 막을 수 있다. 따라서 혈관성 치매는 기초 질환의 치료와 예방에 의해 그 증상을 막거나 또한 지연시키는 것도 가능하므로 성인기부터 정기적인 검진에 적극 참여하여 적절한 조치를 받는 것이 치매예방에 있어 중요하다.

 4. 치매의 진행상태

치매의 원인 중 가장 많은 알츠하이머병의 증상에 대해서 뉴욕의대의 실버스타인 노화와 치매연구센터(Silberstein Aging and Dementia Research Center)의 배리 라이스버그(Barry Reisberg) 박사는 알츠하이머병의 진행단계에 따라 증상을 아래와 같이 7단계로 구분하였다.

<표 1-3> 치매의 진행단계

구 분	내 용
1단계	정상
2단계	매우 경미한 인지 장애
3단계	경미한 인지장애
4단계	중등도의 인지장애
5단계	초기 중증의 인지장애
6단계	중증의 인지장애
7단계	후기 중증 인지장애

1) 1단계 : 정상
대상자와의 임상 면담에서도 기억장애나 특별한 증상이 발견되지 않은 정상적인 상태를 말한다.

2) 2단계 : 매우 경미한 인지 장애
2단계에서는 정상적인 노화과정으로 알츠하이머병의 최초 증상이 나타나는 시기이다. 정상일 때보다 기억력이 떨어지며 건망증의 증상이 나타나지만 임상 면담에서는 치매의 뚜렷한 증상이 발견되지 않기 때문에 매우 경미한 인지 장애 상태라고 한다.

2단계는 특별한 단정을 짓기는 어렵지만 경미하게 인지 장애가 나타나는 단계로 임상평가에서 발견되지 않기 때문에 주변 사람들도 대상자의 이상을 느끼지 못한다.

3) 3단계 : 경미한 인지장애

대상자 중 일부는 임상 면담에서 초기 단계의 알츠하이머병으로 진단이 가능한 단계다. 3단계에서는 정상단계에 비하여 경미한 인지장애가 뚜렷하게 나타나기 때문에, 주변 사람들도 대상자의 치매가 시작되었다는 것을 눈치 채기 시작하는 단계다.

3단계에 이르게 되면 기억력의 감소가 시작되어 전에 했던 일이 기억이 잘 나지 않으며, 단어가 금방 떠오르지 않아 말이 자연스럽지 않고, 물건을 엉뚱한 곳에 두거나 잃어버리기도 한다.

4) 4단계 : 중등도의 인지장애

4단계는 임상 면담에서 중등도의 인지장애가 발견되는 단계로 경도 또는 초기의 알츠하이머병이 진행되는 단계다. 4단계에서는 자세한 임상 면담을 통해서 여러 인지 영역에서 분명한 인지저하 증상을 확인할 수 있다.

4단계에 이르게 되면 자신의 생활에서 일어난 최근 사건을 잘 기억하지 못하여, 기억을 잃어버리는 일이 자주 발생한다. 그리고 수의 계산이나 돈 계산능력의 저하가 나타난다.

5) 5단계 : 초기 중증의 인지장애

5단계는 임상 면담에서 초기 중증의 인지장애가 발견되는 단계로 중기의 알츠하이머병이 진행되는 단계다. 5단계에서는 기억력과 사고력 저하가 분명하고 일상생활에서 다른 사람의 도움이 필요해지기 시작한다.

5단계에 이르게 되면 자신의 집 주소나 전화번호를 기억하기 어려워하며 길을 잃거나 날짜, 요일을 헷갈려한다. 하지만 자신이나 가족의 중요한 정보는 기억하고 있으며 화장실 사용에 도움을 필요로 하지는 않는다.

6) 6단계 : 중증의 인지장애

6단계는 임상 면담에서 중증의 인지장애가 발견되는 단계로 중 중기의 알츠하이머병이다. 6단계에서는 기억력은 더 나빠지고, 성격변화가 일어나며 일상생활에서 많은 도움이 필요하게 된다.

6단계에 이르게 되면 최근 자신에게 일어났던 일을 인지하지 못하고 주요한 자신의 과거사를 기억하는데 어려움을 겪는다. 그리고 익숙한 얼굴과 익숙하지 않은 얼굴을 구별할 수는 있으나, 배우자나 간병인의 이름을 기억하는데 어려움이 있다. 또한 대소변 조절을 제대로 하지 못하기 시작하여 다른 사람의 도움이 필요하기 시작한다. 그리고 옷을 혼자 갈아입지 못하여 다른 사람의 도움이 없이는 적절히 옷을 입지 못한다. 할 일 없이 배회하거나, 집을 나가면 길을 잃어버리는 경향이 있기 때문에 주의를 기울여야 한다. 성격이 변화되거나 행동에 많은 변화가 생긴다.

7) 7단계 : 후기 중증의 인지장애

마지막 7단계는 후기 중증 인지장애 또는 말기 치매단계를 말한다. 7단계에서는 이상 반사와 같은 비정상적인 신경학적 증상이나 징후가 보여 정신이나 신체가 자신의 통제를 벗어나게 된다.

7단계에 이르게 되면 식사나 화장실 사용 등 개인 일상생활에서 다른 사람의 상당한 도움을 필요로 하게 되며, 누워서 생활하는 시간이 많아지게 된다.

 ## 5. 치매가 주는 고통

치매는 나이든 노인들에게만 나타나는 현상으로 생각하지만 실제로는 빠르면 40대부터 발생할 수 있다. 그러나 치매는 대개 65세 이상의 노인들에게 발생하는 노인성 질환이며, 뇌의 만성 또는 진행성 질환에서 생기므로 치매에 걸리면 시간이 지날수록 증상이 심해진다.

치매는 초기에는 가벼운 기억에 관련된 장애가 나타나 기억이 저장되지 않을 뿐더러 과거의 기억도 잃어버리게 된다.

치매가 진행될수록 인지장애 등이 점차 동반됨으로써 판단능력이 떨어지며, 언어 장애로 인하여 일반적인 사회활동 또는 대인관계에 어려움을 겪게 된다.

치매가 심해지면 행동에 대한 통제가 어려워져 일상생활이 어려워지며, 심하면 대소변의 분변이 어렵게 된다. 더욱이 자신에게 위해를 가하거나, 간병인이나 보호자에 대하여 공격적인 행동을 하기도 한다.

말기에는 일상생활이 어려워져 누워서 남의 도움을 받아야 하며, 결국은 사망에 이르게 된다.

치매는 노인에게 흔한 질병으로 일반적인 병과는 달리 평균 5~8년 정도 치매가 진행되고, 신체적인 기능들이 떨어져 결국은 생존 자체를 어렵게 만든다.

치매에 걸리면 본인 스스로 세상을 살아가거나 치료를 받기 어렵기 때문에 누군가는 부양해야 한다.

부모나 배우자가 치매에 걸리면 가족은 길게는 10년 가까이 치매 환자를 돌봐야 한다. 요양기간이 길게는 수년이 걸리기 때문에 본인과 가족에게 상당한 고통을 주게 된다.

만성 퇴행성 질환인 치매는 다양한 정신기능 장애로 환자의 정서적 활동뿐만 아니라 일상생활, 즉 식사하기, 대소변보기, 목욕하기, 옷 갈아입기, 몸단장하기 등의 장애까지 초래하게 된다.

이처럼 치매환자는 극심한 정신적인 장애와 함께 흔히 신체적인 장애까지 겸하여 다루기가 어렵고, 사물을 이성적으로 판단하지 못하고 자기스스로 생활할 능력을 못 가지기 때문에 간호와 부양에 어려움이 심각하다. 따라서 가족에 의한 치매 환자의 부양은 어린 아이를 돌보는 것보다 더 많은 힘이 들기 때문에 육체적으로도 매우 고단한 일이다.

더 큰 문제는 병원비용과 수발과 간호에 들어가는 관리비용의 증가로 인하여 경제적으로 어려움이 크다. 매달 들어가는 병원비와 간호에 들어가는 비용의 증가는 당장 가족에게 경제적으로 큰 부감을 줄 수밖에 없다. 경제적인 부담의 증가로 인해 치매 환자를 부양하려는 가족은 점차 줄어가고 있다.

치매는 장기적인 치료를 필요로 하는 질환이기 때문에 가족 가운데 치매 환자가 있으면 경제적 부담은 물론 심리적인 부담감이 매우 큰 노인성 질환이며, 심지어 이로 인해 가족의 기능마저 와해되는 경우가 있다.

이러한 어려움으로 인해 가정에서 주로 담당해 왔던 치매 환자 부양이 점차 공공부문으로 이전되는 경향이 있으며 이에 따라 치매 환자에 대한 대책이 중요한 정책과제로 대두되고 있다.

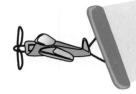

제2장 치매의 증상

치매의 원인이 다양하기 때문에 치매의 증상도
매우 다양하다. 크게 인지기능 장애, 언어적 장애,
신체적 장애, 정서적 장애. 행동 장애가 있다.

1. 인지적 장애

인지기능이란 지식과 정보를 효율적으로 조작하는 능력을 말한다. 치매에 걸리면 인지기능에 장애가 생기는데 치매와 관련된 인지에는 지남력. 집중력, 지각력, 기억력, 판단력, 언어력, 시공간력, 계산능력 등을 들 수 있다.

1) 기억력 장애

기억력이란 이전의 경험이나 자극을 머리 속에 저장했다가 떠올리는 능력을 말한다. 건강한 사람은 일상에서 얻어지는 인상을 머릿속에 저장하였다가 다시 기억과 회상을 하는 뇌의 활동의 반복이 끊임없이 이루어진다.

기억의 과정은 새로운 경험을 저장하는 작용, 기명된 내용이 망각되지 않도록 유지하는 작용, 유지하고 있는 사항을 회상할 수 있는 활동으로 이루어지는데, 이것을 기억의 3요소라 한다.

기억은 전두엽의 대뇌피질에 저장되고, 해마는 기억형성에 관여하는 것으로 보여 진다. 사람의 뇌는 20대를 중심으로 점차적으로 쇠퇴하여 나이가 들수록 뇌세포도 죽게 된다.

한 번 파괴된 뇌세포는 다시 재생되기 어렵지만 다행히도 인간의 뇌세포는 우리가 상상할 수 없을 만큼 많아서 나이 변화에 따르는 뇌세포의 감소가 일상생활을 위협하지 않는다.

그러나 치매에 걸리게 되면 뇌기능에 손상을 입기 때문에 기억력에 장애가 생긴다. 알츠하이머병에 걸리는 경우, 기억을 입력하는 데 중요한 구실을 하는 해마가 손상되거나 망가진다. 이런 이유 때문에 치매환자는 기억 정보가 잘 입력되지 못하여, 최근에 있었던 일을 기억하지 못하는 특징을 보인다.

치매환자에게 가장 흔하게 나타나는 증상이 기억력 장애다. 기억력 장애는 알츠하이머병 뿐 아니라 모든 치매에서 공통적으로 나타날 수 있는 증상으로서 초기에는 단기 기억력의 감퇴가 주로 나타나며, 점차 장기 기억력도 상실하게 된다.

❶ 단기기억

단기기억은 경험한 것을 수초 동안만 기억하게 되는 즉각적인 기억을 말한다. 즉 기억의 보유시간이 아주 짧은 시간만을 기억하는 것을 단기기억이라 한다. 단기기억은 비교적 불안정하며, 두부에 외상을 입거나 전기충격 등으로 의식이 상실되거나, 치매에 걸리면 단기기억이 쉽게 소실된다.

단기기억 상실은 주로 치매 초기에 나타나는 특징이며, 최근에 일어난 사건에 대한 단기기억의 상실이 장기기억의 상실에 비해 두드러지게 나타난다.

단기기억에 문제가 생기면 금방 들은 전화번호나 사람의 이름이 기억나지 않으며, 대화 중에 중요하게 기억해야 할 것을 금방 잊어버리게 되고, 자신이 지금 바로 해야 되는 일 등이 기억나지 않게 된다.

단기기억력이 떨어지면 현재 자신이 하던 일이 무엇인지를 몰라서 난처한 경우가 생기게 된다. 예를 들면 물을 사용하다 그대로 틀어 놓는다거나, 다리미로 옷을 다리다가 그대로 두거나, 전기장판이나 가스 불을 끄지 않은 채 그대로 내버려 두어 화재의 위험에 노출되기도 한다.

치매환자는 본인이 기억나지 않는다는 것을 인정하고 싶지 않기 때문에 기억을 보충하기 위하여 거짓말을 만들어 말하는 작화증이 나타나기도 한다.

❷ 장기기억

장기기억은 용량에 제한이 없고 경험한 것을 수개월에서 길게는 평생 동안 의식 속에 보존되는 기억을 말한다. 기억이 장기 기억으로 저장되기 위해서는 부호화, 공고화, 저장, 인출이라는 4단계가 필요하다.

치매의 진행이 오래되어 심해지면, 비교적 잘 유지해 왔던 장기기억에도 문제가 생긴다. 장기기억에 문제가 되면 의사소통에서 똑같은 말을 반복하거나 더듬고 익숙한 장소에서도 방향감각을 잃어버리고, 친구와의 약속, 약 먹는 시간, 친구나 심하면 가족의 이름이나 전화번호 등을 잊어버리기도 한다.

장기기억이 지속적으로 손실되게 되면 본인의 생일이나 이름도 기억하지 못하거나, 계속 방치하게 되면 가족의 얼굴이나 친구의 얼굴 조차 잊어버리게 된다. 장기기억이 사라지면 본인은 모르지만 자신이 사랑하는 가족이나 지인들을 슬프게 만든다.

2) 지남력 장애

지남력이란 시간과 장소, 상황이나 환경 따위를 올바로 인식하는 능력을 말한다. 치매에 걸리면 치매초기에는 지남력 저하를 보이는데 시간, 장소, 사람을 측정하는 능력이 떨어지게 된다.

치매에 걸리면 시간에 대한 인식, 장소에 대한 인식, 사람에 대한 인식 순으로 저하된다. 시간에 대한 인식은 치매가 시작되면 환자가 지금이 몇 년도 인지, 몇 월 인지, 무슨 요일인지의 날짜 구분이 어려우며 혹은 지금이 무슨 계절인지, 몇 시인지의 구분하는 능력이 사라지게 된다.

그리고 자신이 어디에 있는지, 어디로 가야 하는지, 주소가 어떻게 되는지와 같은 장소에 대해 인식하는 능력이 떨어진다. 그리고 본인이나 타인의 이름이나 전화번호와 어떤 일을 했는지 같은 사람에 대한 인식 능력이 떨어지게 된다.

3) 시공간력 장애

사물의 크기, 공간적 성격을 인지하는 능력을 말한다. 치매에 걸리면 시공간을 인식하는 능력에 장애가 생겨 익숙한 거리에서 길을 잃거나, 집을 찾지 못하고 길을 잃어버리게 된다.

심하게는 집안에서 방이나 화장실 등을 찾아가지 못하는 증상으로 까지 발전할 수 있다. 또한 이는 자동차를 운전하는 경우는 목적지를 제대로 찾아갈 수 없는 상황을 초래하기도 한다.

4) 계산능력 저하

물건 또는 값의 크기를 비교하거나 주어진 수나 식(式)을 연산의 법칙에 따라 처리하여 수치를 구하는 능력을 말한다.

치매에 걸리면 계산 능력이 떨어져 간단한 더하기나 빼기 계산도 못하거나, 물건을 사고 화폐의 가치를 계산하는데 어려운 증상이 나타난다. 계산능력이 저하되면 일상생활에서 수에 관련된 일에 어려움을 겪게 된다.

5) 시지각 기능 저하

시각을 통해 수용한 시각적 자극을 정확하게 인지하는 능력만이 아니라 외부 환경으로부터 들어온 시각 자극을 선행경험과 연결하여 인식, 변별, 해석하는 두뇌활동을 말한다.

치매에 걸리면 시지각 기능이 저하되어 사물의 형태, 모양, 색깔을 구별 못하는 증상들이 나타난다.

6) 판단력 장애

사물을 올바르게 인식·평가하는 사고 능력을 말한다. 치매에 걸리면 무엇을 결정할 때 시간이 걸리거나 잘못 결정하는 장애를 말한다.

판단력에 장애가 생기면 사물을 인지하지 못하거나 의미를 파악하지 못하며, 사물의 모양이나 색깔은 파악할 수 있지만 그 사물이 무엇이며 용도가 무엇인지를 모르게 된다.

치매환자가 이 증상을 보이게 되면 직장뿐만 아니라 가정에서도 뚜렷한 이상이 있는 것으로 인식된다.

판단력이 흐려지면 자신이 무엇을 해야 할지 결정을 잘 못하거나, 돈 관리를 제대로 하지 못하며, 필요 없는 물건을 구입하기도 하며, 결정해야 할 사항에 대해서 어떻게 결정해야 할지 판단을 못하게 된다.

7) 집중력 저하

어떤 일을 할 때 상관없는 주변 소음이나 자극에 방해받지 않고 그 일에만 몰두하는 능력을 말한다.

집중력은 환경과 감각으로부터 얻어진 정보를 통해 결정을 내리는 것을 돕는데 치매에 걸리면 집중력이 떨어지는 증상이 나타난다.

8) 실행능력 장애

감각 및 운동기관이 온전한데도 불구하고 해야 할 행동을 실행하지 못하는 것을 일컫는다.

치매에 걸려 실행능력에 장애가 생기면 신발을 신을 때 신발 끈을 제대로 매지 못하거나, 식구 수대로 식탁을 차리는 일에 어려움을 겪게 되거나, 옷을 혼자서는 입지 못하는, 열쇠로 문을 여는데 어려움을 겪게 되는 등의 단순한 일에서 조차 장애가 나타나게 된다.

2. 언어적 장애

언어는 자신의 생각이나 감정을 표현하고, 다른 사람의 말을 이해하여 의사를 소통하기 위한 소리나 문자 따위의 수단을 말한다. 치매환자 중에는 기억이나 지능에 현저한 장애가 나타나서 회화에 의한 사고의 전달이 곤란한 경우가 많이 있다.

치매에 걸리면 단어가 금방 떠오르지 않아 말이 자연스럽지 않으며, 끊기는 언어 장애가 생긴다. 그러나 치매환자가 생각하고 있는 모든 것을 말로는 전할 수 없어도 한정된 회화나 태도 등의 방법으로 의사소통을 시도할 수는 있다.

치매환자에 따라서는 심하면 일상생활에 필요한 말을 제대로 의사표현하지 못하는 정도의 사람이 있는가 하면, 오래되고 친숙한 사람의 이름이나 물품의 이름을 말할 수 없는 정도의 사람도 있다.

언어 장애는 기억력의 감퇴와 마찬가지로 치매의 초기에는 언어장애가 경미하게 나타나나, 치매가 더욱 진행될수록 점차 말 수가 현저히 줄어들어 완전히 말문을 닫아 버리고 마침내 전혀 말이 없어져 버린다.

치매환자가 말을 하지 않는다고 해서 가족이나 간병인이 말을 안하게 되면 더욱 빨리 언어사용 능력이 떨어진다. 따라서 치매환자와의 적절한 의사소통 기법을 습득해 두는 것이 중요하다.

3. 신체적 장애

치매에 걸리면 나타나는 신체적인 특성은 치매 초기에는 가벼운 두통과 현기증이 나타나기 때문에 치매인지 모르고 지나가는 경우가 많다. 그리고 나머지 신체적인 증상들은 비교적 치매 후기에 나타난다.

치매가 진행됨에 따라 신체적으로 나타나는 증상을 보면 근위축 등으로 치매노인들은 신체적 움직임이 점차로 줄어들고, 보행이 불안정해지며, 식사와 착의, 세면, 개인위생이 어려워지며, 배뇨 및 배변 등에 이르기까지 장애가 나타난다.

또한 신체적 질병에 대한 저항력이 떨어져 합병증을 일으키는 경우가 많으며 치매노인의 대다수가 고령이므로 고혈압과 뇌졸중, 심장질환, 신경통, 피부질환, 호흡기질환, 관절염, 마비 등의 병에 걸리는 경우가 많다.

치매 환자의 신체적 증상은 환자의 신체 자체에 여러 가지 질환이 나타나기도 하지만, 그로 인한 이차적인 합병증이 유발되거나, 신체 기능 저하로 인해 일상생활이 어려워진다.

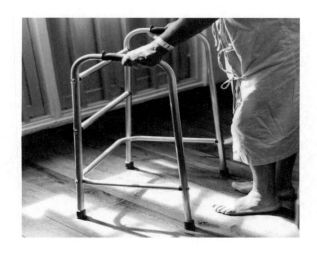

4. 정서적 장애

정서란 사람의 마음에 일어나는 여러 가지 감정을 말하며, 치매에 걸리게 되면 정서적인 장애가 나타난다. 치매로 인하여 나타나는 정서적인 장애는 다음과 같다.

1) 인격 변화

치매에 걸리게 되어 후기로 갈수록 인격의 변화가 생긴다. 인격이 변화되면 환자가 본래 가지고 있던 성격이 내성적으로 바뀌게 된다.

치매환자의 인격 변화는 환자의 가족들을 가장 괴롭히는 양상이다. 편집증적인 망상을 가지고 있는 치매환자는 전반적으로 가족들과 간호하는 사람에게 적대적으로 변하는 경우가 많다.

2) 성격 변화

치매에 걸리면 점차 세상일에 대해서 무관심해지고, 특히 다른 사람과의 만남을 꺼려한다. 다른 사람과 만나도 다른 사람의 욕구에 전혀 관심이 없어진다. 그리고 자신의 행동이 다른 사람에게 미치는 영향에 대해 개의치 않고, 고집이 세져 남의 말을 듣지 않고 자신이 하고 싶은 행동을 하게 된다.

치매에 걸려 오래 지날수록 모든 것을 자기중심적으로 생각하고, 이기적이 되어간다. 활동적이던 사람도 치매에 걸리면 수동적이 되고 냉담해진다.

3) 외모에 대한 무관심

치매에 걸리면 점차 자신의 외모에 관심이 없어져, 몸을 깨끗이 하려 하지 않는다. 특히 깔끔하던 사람도 위생관념이 없어져 지저분하게 보이고, 모든 활동에 흥미와 의욕이 없어지는 등 우울증이 심해진다.

4) 정신 장애

치매에 걸리면 자신도 모르게 불안해지고, 초조해지고, 우울증이 심해진다. 또한 심한 감정의 굴곡이 생기며, 감정이 실종되거나, 감동적인 일에도 무감동하는 일이 생긴다.

그리고 환청, 환시, 환촉 같은 감각기능사의 장애가 발생하며, 피해망상증이 흔히 발생하기도 한다. 이로 인해 발생하는 행동장애로는 공격적 행동이 나타나 자해하거나 타인에게 위해를 끼친다.

5) 기타

치매에 걸리면 점차 소유개념을 잃어 자신의 물건이 무엇인지를 모르게 된다. 그리고 염치를 모르게 되고, 타인의 치매환자에 대한 부정적인 생각을 전혀 인식하지 못하게 된다.

5. 행동 장애

치매가 심해질수록 치매환자에게는 행동 장애가 나타나게 된다. 치매가 심해지면 치매환자가 보호자만 찾아다니면서 졸졸 따라다닌다든지, 혼자서 무작정 집을 나가 사라진다든지, 특별한 목적 없이 계속 왔다 갔다 배회하는 증상이 나타난다.

행동 장애가 나타나면 치매환자는 심하게 초조한 모습을 보이면서, 때때로 보호자나 다른 사람에게 화를 내거나 폭력적인 행동을 하기도 한다. 그리고 가족이나 간호인에게 계속 의미 없는 질문을 반복해서 묻거나, 지속적으로 뭔가 불만을 드러내기도 한다.

치매가 진행될수록 신체적인 기능이 떨어져 넘어지거나 부딪힘으로 인해서 신체적 장애를 입을 수 있다. 심하면 자신의 몸에 자해를 하거나, 더 큰 문제는 치매 환자를 돌보는 가족이나 보호자를 대상으로 공격적인 행동을 함으로 인해서 타인에게 피해를 입히는 사고가 생기기도 한다.

특히 보호자들 입장에서는 치매나 행동장애에 대한 사전지식이 없으면 환자가 의도적으로 자기를 힘들게 하기 위해 그런다고 생각하게 되어 보호자를 더욱 힘들게 한다.

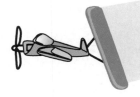

제3장 치매예방을 위한 식사법

치매에 걸린 노인들을 보면 영양 상태나 식습관이 좋지
못한 경우가 많다. 노년기는 신체적으로 약해지며, 소화가
잘되지 않기 때문에 충분한 영양이 공급되어야 한다.

1. 식품이 뇌에 미치는 영향

음식을 먹지 않으면 생명을 유지하기 어려울 뿐만 아니라 결국에는 사망에 이르게 된다. 뿐만 아니라 식생활은 사람의 인체에 미치는 영향은 매우 크다. 음식은 우리 생명을 유지할 뿐만 아니라 뇌의 건강에도 지대한 영향을 미친다.

치매는 기억력부터 시작해서 대뇌의 기능 전체가 서서히 점차 소실되어 간다. 인간에게 육체만 건강하다고 해서 오래 사는 것이 중요한 것이 아니라, 뇌도 건강하게 유지해야 행복한 장수를 누릴 수 있다. 뇌가 신체보다 먼저 기능을 못한다면 우리의 삶은 비참하게 변하게 된다.

고령화 사회가 도래함과 동시에 노인성 치매가 증가함에 따라 두뇌의 노화를 방지하는 방법에 대하여 초미의 관심사가 아닐 수 없다. 뇌를 연구하는 사람들은 인간의 뇌세포는 125세까지 산다고 한다. 그러나 현실적으로는 뇌동맥경화나 뇌일혈이나 뇌혈전증 등 뇌혈관의 질병에 의해 뇌세포의 활동이 떨어지고, 그 수명이 현저하게 단축되어 사고력이 저하돼 노인성 치매가 나타나고 있다.

지금까지 밝혀진 연구에 의하면 뇌혈관을 노화시키고, 뇌세포의 활동을 저하시키고 있는 주된 원인이 바로 우리의 식생활에 있다는 것이다.

뇌는 생후 6개월 동안이 가장 빠르게 성장하여 출생 때에 비해 약 2배로 커지고 7, 8세에 성인의 뇌 무게의 90%까지 성장한다. 24세 전후에서 두뇌의 성장이 완성되고 더 이상 성장을 멈추게 된다. 두뇌의 성장이 두뇌 세포의 증가라고 생각하기 쉽지만, 사실 인간의 뇌세포는 갓난 아기 때에 이미 약 140억 개인데 이 숫자는 신체가 성장해도 절대로 늘어나지 않으며, 오히려 뇌세포가 죽는 것으로 알려져 있다.

두뇌의 기능, 지능은 근육과 마찬가지로 인지 훈련을 통해서 향상되는 것으로 보고되고 있다. 또한 두뇌의 활성화에 있어서 가장 중요한 것은 올바른 영양을 섭취하는 것이다. 두뇌도 육체와 마찬가지로 영양을 공급받지 않으면 성장은 물론 제대로 기능을 유지할 수 없게 된다. 따라서 두뇌 기능 유지에 식습관은 큰 영향을 준다고 할 수 있다.

실제로 두뇌의 기능을 높이는 영양소들이 많이 들어 있는 호두, 등푸른 생선, 콩, 해초류 등의 식품은 뇌의 기능을 활성화하거나 기능을 유지하는데 도움이 되는 것으로 알려져 있다.

특히 혈관성 치매는 기름기가 많은 육식 중심의 식생활에서 오는 콜레스테롤의 증가나 염분이 많은 식생활로 육체와 뇌세포의 노화를 촉진하고 있는 요인으로 등장했다. 콜레스테롤의 증가는 뇌혈관을 좁아지게 하여 피의 흐름이 어려워져 영양공급이 제대로 되지 못하는 것으로 알려져 있다. 이밖에도 고혈압이나 알코올, 비만, 당뇨병, 중풍, 몸에 해로운 식품첨가물 등도 치매를 일으키는 위험 인자이다. 치매를 일으키는 위험인자는 잘못된 식습관에 의해서 만들어지는 경우가 대분이다. 따라서 치매는 우리가 먹는 음식이 지대한 영향을 끼치는 것을 알 수 있다.

[그림 1-3] 콜레스테롤이 낀 혈관

2. 치매예방을 위한 영양관리의 필요성

치매를 앓는 노인들을 살펴보면 대부분 영양실조인 경우가 많다. 치매노인은 노화로 인해 영양소 대사 능력이 감소되어 있고 여러 가지 신체적 질병을 함께 가지고 있을 가능성이 많기 때문에 치매환자는 어떤 환자보다도 영양관리가 중요하다.

현재 음식과 식습관을 고치는 것으로 치매를 예방하는 연구들이 이뤄지고 있다. 명확한 사실관계는 더 규명되어야 하겠지만 여러 가지 실험을 통해서 치매에 좋은 음식과 치매를 예방하는 식습관을 통해 치매를 관리하는 사람들은 그렇지 않은 사람들에 비하여 치매의 위험을 줄이는 결과가 실제로 나타나고 있다. 따라서 치매를 예방하고 치매를 지연하기 위해서는 치매예방에 좋은 음식과 치매를 예방하는 식습관을 생활화해야 한다.

노인들에게 5대 영양소(단백질, 칼슘, 무기질과 비타민, 당질, 지방)는 노인들의 건강을 유지하고 치매를 예방하기 하는 데 반드시 필요한 영양소이다. 5 영양소 중 탄수화물, 단백질, 지방은 신체의 에너지원으로 활용된다. 그 외에 미네랄, 비타민, 물은 신체의 신진대사를 돕는 영양소들이다. 치매를 예방하기 위해서는 5대 영양소를 균형적으로 섭취해야 한다. 노인들이 섭취해야할 영양소는 활동이 왕성한 성인의 75~80%수준으로 섭취를 해야 한다.

치매 증상이 나타나면 자신이 무엇을 섭취했는지, 식사를 했는지를 모르기 때문에 영양관리는 더욱 필요해진다. 영양이 충분해야 우리 몸이 최대한 기능을 유지할 수 있지만, 영양이 부족하면 건강도 나빠지면서 합병증은 물론 치매가 더욱 빨리 찾아오게 된다. 치매를 예방하기 위해서는 우리 몸의 기능을 최대한 유지하기 위해서 영양관리가 필요하다.

3. 노인의 건강을 위한 영양 식단

식품 구성자전거는 영양소를 골고루 섭취할 수 있도록 하루 식단을 구성하고 식품구성표가 자전거인 이유는 적절한 운동을 해야 한다는 뜻이다. 보건복지부와 한국영양학회는 한국인 영양소 섭취 기준을 식품 구성자전거로 개정했다.

1) 곡류 및 전분류

밥, 국수, 식빵, 시리얼, 떡 등의 곡류 및 전분류는 운동을 하는데 필요한 에너지를 만들고 소화를 돕는 일을 하지만 적게 먹으면 체중이 줄고 몸이 허약해지지만 과잉 섭취 시에는 비만을 가져온다. 노인에게는 1일 식사 때마다 밥 1공기(210g), 국수 1대접(90g), 식빵 3조각(100g)중에서 선택해서 제공하는 것이 적당하다.

2) 채소 및 과일군

시금치나물, 콩나물, 김치, 느타리버섯, 물미역, 감자, 귤, 토마토 등의 채소 및 과일군은 우리 몸 각 부분의 기능을 조절해 주고 질병을 이길 수 있는 에너지를 준다. 부족할 때에는 피로를 느끼고 무기력해 진다.
노인에게는 1일 식사 때마다 생야채(60g), 김치(60g), 과일(100g), 과일주스(½컵)중에서 선택해서 제공하는 것이 적당하다.

3) 고기·생선·계란·콩류군

고기, 닭, 생선, 두부, 계란 등의 콩류군은 우리 몸의 피와 살을 만들고, 뇌의 발달을 돕는다. 부족할 때에는 운동을 하기 어려우며 쉽게 기력이 떨어진다. 노인에게는 1일 식사 때마다 고기(60g), 생선(60g), 두부(80g), 달걀(60g) 중에서 선택해서 제공하는 것이 적당하다.

4) 우유 및 유제품류

우유, 치즈, 호상요구르트, 액상요구르트, 아이스크림 등의 우유 및 유제품은 우리 몸의 뼈와 이를 튼튼하게 하고, 신경을 안정시켜 준다. 부족할 때에는 뼈가 약해진다.

노인에게는 1일 식사 때마다 우유 1컵(200g), 요구르트 1컵, 치즈 2장 중에서 선택하여 제공하는 것이 적당하다.

5) 유지·견과 및 당류

식용유, 버터, 마요네즈, 탄산음료, 설탕 등의 유지 및 당류군은 우리 몸에서 힘을 내고 체온을 유지시켜준다. 당류는 과잉 섭취 시에는 비만이 생기고 당뇨병의 원인이 된다.

치매를 예방하기 위해서는 오메가3나 올리브유 같은 기름의 섭취가 필요하다. 뿐만 아니라 뇌의 기능을 활성화를 돕는 견과류를 지속적으로 먹는 것이 좋다.

출처 : 보건복지부(2015). 한국인 영양소 섭취기준. 보건복지부.

[그림 1-4] 식품 구성자전거

식품 구성자전거에 근거하여 치매예방과 지연을 위하여 식단을 구성할 때는 다음에 유의하는 것이 좋다.

❶ 식사는 식이섬유가 많은 현미나 잡곡, 콩이 들어간 밥을 제공하는 것이 좋다.

❷ 국은 된장, 두부, 미역이 들어간 조리로서 소금의 양을 적게 하여 심심하게 조리하여 제공한다.

❸ 반찬에는 계란이나 생선, 다진 고기, 콩을 사용하여 씹기가 좋은 반찬을 제공하는 것이 좋다.

❹ 반찬에는 반드시 채소가 들어가 있는 반찬을 한 가지씩 제공한다.

❺ 간식으로는 매일 과일, 요구르트, 고구마, 견과류 등을 제공한다.

<표 1-4> 치매예방과 지연을 위한 식단

구 분	내 용
밥	현미와 잡곡 또는 곡류를 포함한 밥 이가 약해 씹기가 어려운 분들에게는 죽으로 제공 식이섬유와 비타민 등 무기질 제공
국	된장, 두부, 미역이 들어간 조리 소금의 양을 적게 하여 심심하게 조리
반찬	계란이나 생선, 다진 고기, 콩을 사용하여 씹기가 좋은 반찬
반찬	채소를 이용하여 오래 두고 먹어도 되는 김치나 나물류를 이용한 반찬
간식	과일, 요구르트, 고구마, 견과류

4. 알츠하이머 치매예방을 위한 MIND식단

알츠하이머 치매와 같은 퇴행성 치매 예방에 특출한 방법은 없으며, 알츠하이머 치매는 한번 걸리면 완치가 어려운 것으로 알려져 있다. 그러나 요즈음 알츠하이머형 치매는 적색육, 가공육, 정제된 곡물, 고칼로리가 특징인 서구식 식단 등을 섭취하게 되면, 베타 아밀로이드 단백질이 뇌에 쌓이게 되어 치매 발생률을 높이는 것으로 관련 학계에서는 발표하고 있다.

따라서 먹는 음식을 가지고 알츠하이머 치매를 예방하기 위한 노력들이 다각적으로 전개되고 있다. 그 중에 주목해볼만한 내용은 미국 콜롬비아대학 연구진이 식습관과 치매 발병과의 상관관계를 분석한 결과 오메가3 지방산과 비타민을 많이 섭취한 노인은 그렇지 않은 노인보다 치매를 겪을 위험이 40퍼센트 정도 더 낮은 것으로 나타났다.

이러한 결과를 바탕으로 미국 시카고 러쉬 대학 연구팀은 '마인드' 식단을 개발하여 성인들을 대상으로 지속적으로 섭취하게 하는 연구 결과 알츠하이머병 치매의 위험률이 54%나 낮은 것으로 나타났다.

'마인드(MIND, Mediterranean-DASH Intervention for Neurodegenerative Delay)'는 지중해 식단과 고혈압 환자를 위한 대시(DASH) 식단을 합친 식단이다. 마인드 식단의 특징은 녹색 잎 채소, 견과류, 열매, 콩, 전체 곡물, 생선, 가금류, 올리브 기름, 와인 등 총 10가지 식품군을 먹는 것으로 되어 있다. 그리고 치매에 걸리기 쉽게 하는 붉은 육류, 버터와 마가린, 페이스트리와 단 음식, 튀긴 음식, 패스트푸드 등은 피하도록 권고하고 있다.

1) 단백질
마인드 식단에선 단백질의 섭취가 중요하여 단백질이 풍부한 콩류를 일주일에 최소 세 번을 섭취하도록 하고 있다. 통곡물(속겨를 벗기지 않은 곡물)은 하루 세 번, 생선은 주 1회, 닭고기는 일주일에 2번을 섭취한다.

2) 채소

채소는 항산화 물질이 풍부하여 항염과 항산화 효과가 있기 때문에 하루 식사에서 두 번씩 채소를 섭취하도록 하고 있다. 일반적으로 많은 종류의 채소를 섭취해도 되지만 특히 녹색 채소인 케일과 시금치를 마인드 식단에선 권하고 있다.

3) 견과류

견과류는 지방 함량이 높아 뇌 건강을 위한 필수 간식으로, 일주일에 다섯 번 섭취를 권하고 있다.

4) 베리류

블루베리, 라즈베리 등 각종 베리류는 강력한 항산화제인 안토시아닌이 풍부여 일주일에 두 번 이상 섭취하는 것을 권하고 있다. 폴리페놀의 일종인 안토시아닌은 산화 후 발생하는 활성산소 제거에 뛰어나다. 미세혈관까지 항산화성분을 전달해 뇌혈관의 손상과 노화를 막아, 두뇌활동을 최상으로 유지시키며 알츠하이머 질환과 관련된 증상을 완화하는 데에 도움이 된다.

5) 올리브 오일

올리브 오일은 뇌에 좋은 영향을 주기 때문에 자주 먹는 것이 좋아, 모든 요리에 올리브 오일을 사용하도록 권하고 있다. 올리브 오일은 하이드록시타이로솔이라는 화학물질을 함유하여 기억력을 향상시켜 알츠하이머병의 위험을 감소시켜 주는 역할을 한다.

6) 와인

와인은 뇌 건강을 향상시켜 주는 것으로 하루 한 잔 정도 섭취하는 것이 좋다. 포도에 풍부한 레스베라트롤 성분이 뇌조직의 노화를 늦추는 역할을 한다.

5. 혈관성 치매예방을 위한 식사법

혈관성 치매는 고혈압과 뇌동맥 경화증, 당뇨병 등에 의한 뇌혈관 장애로부터 이차적으로 뇌세포에 변성을 일으키는 것을 말하며 다발성 뇌경색이라고도 한다. 혈관성 치매는 뇌에 피를 공급하는 뇌혈관들이 막히거나 좁아진 것이 원인이 되어 나타나거나, 뇌 안으로 흐르는 혈액의 양이 줄거나 막혀 발생하게 된다.

혈관의 노화는 뇌에 피를 공급하는 뇌혈관들이 막히거나 좁아지게 하여 혈관성 치매의 주원인이 된다. 또한 뇌혈관이 튼튼하지 못하면 알츠하이머 치매와 같은 퇴행성 치매에도 나쁜 영향을 끼친다. 노화의 주범인 활성산소도 뇌세포 노화와 혈관 노화의 원인이 된다. 따라서 치매를 예방하려면 혈관을 튼튼하게 하고, 그 혈관을 통해 신선한 혈액을 공급하고, 뇌를 혹사 시키지 않는 범위 내에서 최대한 많이 사용하는 것이 좋다.

뇌의 노화를 늦추는 식단의 핵심은 동맥경화를 예방하고, 뇌세포에 충분한 영양을 공급하고, 나쁜 활성산소의 생성을 줄이고 제거하는 데에 있다. 뇌의 노화의 원인을 보면 다음과 같다.

❶ 과식이나 육류의 과다 섭취는 비만, 고혈당, 고지혈증, 고혈압 등과 함께 동맥경화를 일으키고 피를 진하게 하여 뇌경색을 일으키는 원인이 된다.

❷ 과다한 염분 섭취는 고혈압을 악화시키고 동맥경화를 가속화시켜 뇌에 나쁜 영향을 준다.

❸ 육류의 기름에는 포화지방산과 콜레스테롤이 다량 함유되어 있어 작은 혈관을 좁게 하거나 막게 하여 치매를 유발하게 된다.

❹ 활성산소는 불안정하여 다른 물질에 산화작용을 일으키고 신진대사를 방해하여 결국 세포가 활력을 잃고 노화가 촉진하게 하는데, 뇌에도 나쁜 영향을 준다.

따라서 혈관성 치매를 예방하기 위해서는 무엇보다 혈관을 건강하게 하고 신선한 혈액을 공급해야 하는데 이를 위해서는 다음과 같이 식사를 해야 한다.

❶ 육식보다는 채식을 주로 섭취해야 한다.

❷ 몸에 좋은 오메가3나 올리브 오일을 먹는 것이 좋다.

❸ 모든 음식에서 염분을 줄여서 음식을 덜 짜게 먹어야 한다.

❹ 활성산소를 없애주는 비타민 E·비타민 C·폴리페놀 등의 항산화 물질이 많이 들어 있는 채소나 과일을 섭취해야 한다.

[그림 1-5] 다양한 과일

6. 치매예방에 좋은 지중해 식단

지중해식 식사는 지중해 연안 국가 중에서도 올리브가 재배되었던 크레타섬 및 대부분의 그리스와 남부 이탈리아의 1960년대 식습관들을 말한다. 의학 기술이 크게 발달하지 않은 시대임에도 위 지역들에 사는 주민들은 심혈관 질환 발생률이 낮고 성인 평균 수명이 길었던 것으로 알려져 있다.

미국 캘리포니아 대학이 진행한 연구에서는 지중해식 식단이 치매 위험을 약 35% 감소시킬 수 있다는 결과를 보였다. 지중해식 식사를 하면 기억력과 수행 능력 등 인지 기능이 향상되는 효과가 있다. 알츠하이머의 특징 중 하나가 해마 크기가 줄어드는 것인데, 지중해식 식사를 하면 해마 크기 감소 변화 폭을 줄여 준다는 연구 결과도 있었다. 그 외에도 많은 치매 관련 연구에서는 지중해식 식사를 하면 치매 발병 위험을 낮출 수 있는 것으로 나타났다.

지중해식 식단은 매일 먹어야 할 음식, 일주일에 몇 번 정도 먹는 음식, 한 달에 가끔 먹는 음식으로 나누어져 있다. 올리브 오일, 과일, 채소, 통곡물(속 겨를 벗기지 않은 곡물), 콩 등은 매일 먹고, 요구르트, 치즈, 흰색 고기, 생선, 달걀은 매주 먹는 것이다. 그리고 적당량의 레드와인(남성 296㎖, 여성 148㎖ 이하), 저지방 우유를 즐겨 먹도록 권하고 있다. 단 음식이나 붉은 고기는 한 달에 1~2회 정도로 적게 섭취해야 한다.

지중해 식단의 특징은 지중해에서 풍부한 올리브 오일에 함유되어 있는 좋은 지방을 섭취하는 것이 핵심이다. 불포화지방산이 뇌혈관이 막혀 뇌 손상이 오는 것을 막아 치매 진행을 늦추기 때문이다.

우리나라 노인들에게 올리브 오일, 아보카도, 토마토 수프, 샐러드, 와인 등으로 대표되는 지중해식 식단은 치매를 걱정하는 노년층에게 익숙하지 않은 식단이다. 그러나 치매예방을 위해서 올리브 오일과 같은 좋은 지방을 꾸준히 섭취하는 것이 좋다.

　올리브 오일을 자주 먹을 때는 엑스트라 버진을 선택하는 것이 좋다. 엑스트라 버진은 원심 분리 후 압착과 같은 물리적인 힘을 통해 추출해 영양소 파괴가 적고, 산도가 낮은 최상급 오일이다. 올리브 오일은 샐러드드레싱으로 주로 사용하고, 조리 시 식용유로 사용해도 좋다.

　코코넛 오일도 중쇄지방산(MCFA)이 풍부하게 함유돼 있어 뇌 건강을 지키는데도 탁월한 효과 있다고 한다. 특히 가벼운 인지기능 저하증세를 보이는 성인에게 중쇄지방산을 섭취하게 한 결과 알츠하이머 발병 요인인 뇌의 베타아밀로이드 플라크를 감소시켜 주어 단시간 내 기억력이 향상되어 치매예방에도 탁월한 효능이 있는 것으로 나타났다.

[그림 1-6] 엑스트라 버진 올리브 오일과 코코넛 오일

7. 치매예방을 위한 식사법

치매를 예방하거나 지연하기 위해서는 식단만큼이나 식사법도 중요하다. 치매를 예방하고 지연하기 위한 식사법을 보면 다음과 같다.

❶ 치매를 예방하기 위해서는 하루에 3끼의 식사를 꾸준히 해야 한다. 밥을 몰아서 먹거나 불규칙한 식사를 하게 되면 혈중 혈당의 불안정과 저혈당에 의한 뇌세포 스트레스 유발과 인슐린 분비 증가로 고지혈증을 일으키게 된다. 특히 저혈당이 오래 지속되거나 비타민 B가 부족해지면 심각한 뇌손상의 원인이 되어 치매에 걸리거나 빨리 악화될 수 있다.

❷ 국과 찌개는 되도록 소금의 양을 줄여서 심심하게 먹어야 한다. 소금은 혈압을 상승하게 하는 요인이 되어 뇌혈관에 무리를 주게 됨으로 치매에 걸리게 될 수 있으므로 주의해야 한다.

❸ 음식은 되도록 씹어 먹는 활동을 많이 해서 먹어야 한다. 음식물을 씹는 활동은 몸에서 소화를 쉽게 하기 위해서 흡수할 수 있는 작은 단위로 분해하는 역할을 한다. 뿐만 아니라 치아는 뇌신경과 연결되어 씹을수록 뇌신경을 자극하여 인지기능 향상을 돕고 뇌혈류를 증가시킨다. 따라서 천천히 꼭꼭 잘 씹는 것이 치매 예방에 도움이 된다.

실제로 치아 상태가 악화되어 저작 운동이 줄어드는 노인의 경우 치매 발병 확률이 높아진다. 따라서 틀니나 임플란트를 한 노인이라도 위아래로 씹는 것은 가능하기 때문에 되도록, 위 아래로 가볍게 씹는 활동을 많이 할 수 있는 요리를 하는 것이 좋다.

저작이 어려운 노인들을 위해서는 죽을 제공하고, 반찬은 다지거나 갈아서 먹기 좋은 형태로 제공하는 것이 좋다.

❹ 식사의 양은 성인에 비해서 운동량이 적기 때문에 70~80% 정도만 하는

것이 좋다. 식사 양이 많아지게 되면 비만하게 되며, 비만은 각종 성인병을 가져올 수 있다.

❺ 목이 마르지 않아도 물은 자주 먹는 것이 좋다. 물은 체내에서 영양소의 소화흡수를 촉진하고 몸에 쌓이는 찌꺼기를 몸 밖으로 배출하는 역할을 한다. 또한 몸의 모든 기능을 정상화시키는 일을 하기 때문에 매우 중요하지만, 물은 언제든 마실 수 있다는 생각에 소홀해져서 물이 부족해지기 쉽다.

❻ 치매예방을 위해서는 치매예방에 좋은 음식을 자주 먹고, 치매를 높이는 음식들은 멀리하는 것이 좋다.

8. 이가 약한 분들을 위한 요리

노인이 되면 이가 약해지거나 빠져서 딱딱한 것은 물론이고 단단한 것마저 씹기가 어려워진다. 그리고 입에 침이 잘 돌지 않아 입맛이 떨어지기도 하고, 소화액 분비가 감소해 소화에 애를 먹게 된다. 음식물을 잘 씹지 못하게 되면 소화도 제대로 하지 못하고 영양이 부족해진다. 부족한 영양 공급은 체력과 건강상태를 저하시킨다. 따라서 이가 약해서 씹기가 어려운 분을 위해서는 죽, 미음, 응이, 암죽, 즙 등을 만들어서 먹이는 것이 좋다.

1) 죽

죽은 곡물을 주재료로 하여 물을 붓고 끓여 반유동식의 상태로 만든 음식을 말한다.

❶ 옹근죽, 비단죽 : 쌀을 통째로 넣어서 만든 죽을 말한다.
❷ 무리죽 : 물에 불린 쌀을 갈아서 만든 죽을 말한다.

<표 1-5> 무리죽의 종류

구분	만드는 방법	종류
두태죽	콩팥을 넣어 만든 죽	콩죽, 팥죽, 녹두죽
장국죽	쌀을 불려 부서뜨린 후 고기나 버섯을 넣고 간장으로 색을 낸 죽	쇠고기죽, 닭죽, 버섯죽
어패죽	어패류를 넣어 만든 죽	조개죽, 바지락죽, 백합죽, 전복죽, 참치죽
견과죽	잣, 호두, 대추, 감 등을 넣어 개별적으로 넣거나 합쳐서 만든 죽	잣죽, 호두죽, 대추죽, 감죽
야채죽	고구마, 감자, 호박 등의 야채를 다져 넣어 만든 죽	고구마죽, 감자죽, 들깨죽, 시금치죽

2) 미음

쌀 분량의 5~10배의 물을 사용하여 충분히 불리 후, 곡물을 껍질만 남을 정도로 푹 고아서 체로 걸러낸 음식으로 죽보다 묽게 만든 것을 말한다. 미음의 종류로는 쌀미음, 메조미음, 찹쌀미음, 차조미음, 인삼미음, 황률미음, 과일미음 등이 있다.

3) 응이

녹두, 갈근, 연근 등의 녹말을 넣어 끓여 만든 미음보다는 묽은 죽을 말한다. 곡물을 갈아서 그대로 쓰지 않고, 고운 베자루나 무명자루에 넣어 뿌연 물을 모두 짜내고 이것을 가라앉혀서 얻은 녹말에 물을 붓고 주걱으로 저어서 말갛게 익히면 된다.

4) 암죽

곡식이나 밤의 가루로 묽게 쑨 죽을 말한다. 암죽에 쓰는 쌀가루는 익힌 쌀을 말려 빻아 만드는데, 이미 호화된 녹말로 죽을 쑤기 때문에 짧은 시간에 만들 수 있다. 쌀의 녹말이 완전히 익도록 만든 것이므로 소화율이 좋아 유아용 또는 노인이나 환자용 음식으로 적당하다.

5) 즙

고기, 채소 등 수분을 함유하고 있는 물체에서 짜낸 액체나 농축액을 말한다. 허약한 사람의 보양식으로 좋다. 과실이나 채소에서 짠 즙 음료는 주스(juice, 문화어: 단물)라 부른다. 사과 주스, 오렌지 주스, 레몬 주스, 포도 주스, 파인애플 주스, 토마토 주스, 당근 주스, 체리 주스, 망고 주스 등이 있다.

제4장 치매예방에 좋은 영양

치매를 예방하기 위해서는 뇌의 건강을
유지하고 뇌에 활력을 주기 위하여
꼭 필요한 영양을 공급해 주어야 한다.

1. 치매예방에 꼭 필요한 단백질

단백질은 세포를 구성하는 기본 요소로 생명체 유지의 필수성분이며, 근육과 장기, 피부, 머리카락, 손톱, 발톱, 뼈, 치아 등을 구성하는 주성분이다. 전반적인 대사 과정과 생리작용을 조절하기 위한 효소를 수천 개 생산해 온몸에 에너지를 전달한다. 이외에도 우리 몸에 에너지와 기력을 주는 중요한 역할을 한다.

노년기에도 체성분의 재생과 유지에 필요한 만큼의 단백질을 충분히 섭취하여야 한다. 그러나 노인이 되면 씹는 기능이 상당히 저하되어서 질긴 음식을 기피하게 되고, 부드러운 음식위주로 식사를 먹다보니 고기 종류는 거의 먹지 못하는 경우가 많아 단백질 부족으로 체력이 많이 떨어지는 현상이 나타나게 된다.

단백질이 노인들에게 치매 예방의 효능을 보면 다음과 같다.

1) 단백질의 기능

❶ 뇌의 발육과 기능 유지

노인들에게 동물성 단백질은 뇌의 발육과 기능을 유지하는 역할을 한다. 그리고 단백질은 두뇌작용을 원활하게 하고, 두뇌 활동을 하면 끊임없이 생기는 뇌의 노폐물을 제거해주는 기능을 한다.

❷ 면역력 증가

양질의 단백질은 필수 아미노산을 충분히 가지고 있어 단백질을 섭취하면 병원균에 대한 인체의 저항력이 증가한다. 우리 몸의 항체는 단백질로부터 만들어졌기 때문에, 면역 작용이 활발히 이루어져 질병을 예방하려면 단백질을 섭취해야 한다.

단백질이 부족하면 혈액 내에 단백질인 알부민 수치가 낮아지면, 얼굴, 배, 팔, 다리 등 몸 전체에 부종이 나타나 피부에 탄력과 윤기가 없어지고 생기가 없어지고 면역력이 떨어진다.

❸ 몸에 에너지를 준다.

단백질은 몸의 에너지와 스태미나를 증진시켜 체력을 강하게 하고, 운동하거나 활동할 수 있는 기력을 만들어 준다. 또한 집중력을 높여 준다.

2) 먹는 방법

❶ 노인의 단백질 권장량은 성인과 같은 수준으로 매일 체중 1kg당 1g이 필요하다. 따라서 60kg의 체중을 가진 노인에게 하루 필요한 단백질은 60g이다.

❷ 고기에 있는 단백질은 기력이 떨어지는 노인들에게는 없어서는 안 될 중요한 영양소임에는 틀림없다. 그러나 문제는 동물성 단백질이 필요하다고 해서, 고기를 자주 많이 먹어야 건강에 더 좋다는 생각은 잘못된 상식이다. 동물성 단백질도 좋지만 콩과 계란 같은 데서 얻는 식물단백질은 더 좋다는 연구가 최근 여러 가지 실험을 통해 확인되고 있다.

❸ 고기로 충분한 양의 단백질을 공급할 수 있지만 이가 튼튼하지 못하면 제대로 씹기 어렵다면 우유·두부·생선 등이 제공하는 단백질을 섭취해도 좋다.

❹ 육류를 섭취할 때는 야채를 동시에 먹어야 장기의 부담이 줄어든다. 육류를 섭취할 때는 알칼리성 식품인 야채를 동시에 많이 먹어서 생성된 산을 중화시키지 않는다면 신장 기능을 떨어뜨려 노폐물이 체내에 쌓인다. 이러한 일이 계속적으로 반복되면 육체적 정신적으로 피로하게 되어 질병에 대한 저항력이 떨어지게 된다.

2. 뇌 세포를 활성화 시키는 레시틴

레시틴은 단백질 성분으로 두뇌에서 수분을 제외하고 30%나 차지하는 물질이다. 외부에서 섭취하는 레시틴은 두뇌에 영양을 공급하는 물질로서 뇌 기능(IQ, EQ)향상에 도움을 준다.

뇌 세포막의 주성분인 레시틴은 뇌의 성장과 뇌를 활성화를 도와준다. 레시틴 함유 식품을 두뇌식품이라고 부를 정도로 레시틴은 뇌세포에 좋은 것으로 알려져 있다. 따라서 치매를 예방하기 위해서는 레시틴이 많은 음식을 섭취할 수 있도록 도와야 한다.

1) 레시틴의 기능

❶ 뇌 세포를 활성화와 뇌 기능 향상

레시틴을 섭취하게 되면 뇌의 기능을 좋게 하고, 기억력과 집중력을 증대시킨다.

❷ 피로회복

레시틴은 신경 세포의 피로나 장애를 고치는 작용을 한다.

❸ 스트레스 해소

정상적인 두뇌는 포도당을 이용하여 에너지를 얻는다. 그러나 스트레스 상황에서는 레시틴의 보유량이 현격히 줄어드는 현상이 발견되는데, 이것은 사람이 스트레스가 생기면 레시틴이 두뇌의 에너지 공급원으로도 이용되고 있음을 나타낸다.

레시틴이 부족하면 뇌에 피로가 축적되어 불안과 초조해지고 스트레스가 생기기 쉽다. 그 외에도 일상생활에 있어서의 불안이나 불면, 성적불능 등의 원인 중 하나가 뇌기능의 혹사에서 오는 레시틴 부족이다.

2) 먹는 방법

❶ 레시틴은 계란노른자에 많이 들어 있는 단백질 성분으로 천연 유화 성분이다.

❷ 곡물의 씨눈이나 콩에도 풍부하다. 콩 속의 레시틴은 생리적 기능이 난황보다 월등히 높고 경제적이다.

❸ 레시틴이 풍부한 식품에는 조류의 알, 대두, 간, 뇌, 효모, 땅콩, 생선, 장어, 해바라기씨, 참깨, 들깨, 호두, 잣, 호박씨 등이 있다.

3. 뇌 건강유지에 꼭 필요한 미네랄

미네랄은 5대 필수 영양소 중의 하나로서 우리 몸에 절대 없어서는 안되는 영양소다. 미네랄은 기본적으로 우리 체내에 보유하고 있지만 건강을 유지하기 위해서는 항상 꾸준히 섭취하여 주어야 한다. 미네랄은 체내에서 합성되지 않으므로 자연 식품을 통해 섭취해야 한다.

체내에서 생성되지 않고 음식을 통해 섭취해야 하는 필수 미네랄로 칼슘(Ca), 인(P), 나트륨(Na), 칼륨(K), 마그네슘(Mg), 황(S), 염소(Cl) 등이 등의 무기염류를 말한다. 미네랄은 우리 몸에서는 비록 소량만이 필요하지만 미네랄이 결핍되면 몸에서 이상 현상이 나타나게 된다. 미네랄의 결핍은 서서히 일어나 우리 몸에 치명적인 손상을 가하게 되고 사망에까지 이를 수 있는 영양소이다.

미네랄 역시 흔하다고 생각되지만 실제로 섭취하기 어려우며 챙겨먹기 어려운 영양소 중에 하나라고 할 수 있다. 미네랄은 비타민과 다르게 열에서 잘 파괴되지 않는 것이 특징이다.

1) 미네랄의 기능
❶ 미네랄은 비타민과 마찬가지로 체내에서 일어나는 여러 생화학 반응에 조효소로 작용하며 체액의 물질구성 성분일 뿐 아니라 혈액과 뼈의 형성에 도움을 주며 신경계의 기능을 건강하게 유지시킨다.

❷ 미네랄은 인체의 에너지원은 아니지만 우리 몸을 구성하고 있고 신체의 생리 활동을 조절하는 매우 중요한 영양소이다. 우리 몸의 뼈, 치아, 혈액, 모발, 손톱, 신경조직 등 신체의 구성 성분이 되기도 한다.

❸ 체액의 산, 알칼리 평형을 이루고 체액을 약알칼리성으로 유지하는 기능을 하며 호르몬의 성분으로서도 중요한 기능을 한다.

❹ 미네랄 섭취는 질병 예방을 위해 필수적이다. 미네랄을 충분히 섭취하면 신진대사가 원활해져 노인들의 성격이 매우 좋아진다. 그러나 단독으로 작용하는 미네랄은 없으며 체내에서 다른 미네랄, 비타민, 호르몬과 상호 협력 작용을 통하여 이용된다.

2) 먹는 방법

❶ 미네랄은 비타민과 함께 섭취할 경우 상승효과를 나타낸다. 예를 들어 칼슘을 섭취했을 때 비타민 D와 함께 섭취하게 되면 칼슘의 흡수를 도와주고 재흡수를 도와줄 뿐만 아니라 철분과 함께 비타민C를 흡수할 경우 또한 흡수를 도와준다.

❷ 미네랄은 무엇보다도 균형 잡힌 식단을 통하여 섭취하는 것이 가장 좋은 방법이기는 하지만 사실상 그렇지 못하기 때문에 모자란 부분은 반드시 보충식품으로 섭취하여야 하는 것이다.

4. 골다공증을 예방하는 칼슘

칼슘은 뼈와 치아를 만들고, 혈액을 응고시키는데 중요한 역할을 한다. 또한 심장의 활동이나 근육의 수축, 정신안정에도 빼놓을 수 없는 성분이다.

칼슘(Calcium)의 99%는 뼈와 치아 속에 1%는 혈액이나 체액에 용해된 상태로 우리 몸에 들어있다. 칼슘은 체내 무기질 중 가장 양이 많은 원소로 인체 내 총 칼슘의 양은 체중의 약 2%정도이다. 체중이 50kg인 사람은 칼슘만 1kg 있다는 것이 된다.

인체는 전 생애를 통해서 칼슘을 필요로 하며, 특히 성장기, 임신기, 수유기, 노년기에는 더욱 많이 필요하다. 그러나 섭취한 칼슘이 모두 흡수되는 것은 아니다. 매일 700mg 정도의 칼슘이 뼈와 혈액 사이를 이동하고, 식이 중에 인(P)이 많으면 칼슘의 흡수가 어렵다.

1) 칼슘의 기능

❶ 칼슘의 섭취가 부족할 경우 골격의 석회화가 완전하지 못하므로 골격과 치아조직의 성분변화를 가져오고, 가벼운 충격에도 뼈가 쉽게 부러지게 된다. 중년 부인들의 경우 임신, 수유 및 오랫동안 칼슘 섭취 부족으로 인해 골연화증이 발생하기도 하며, 폐경기 이후의 여성들에게는 골다공증이 나타날 수 있다.

❷ 테타니란 성분은 혈액 속의 칼슘의 저하로 말초신경과 신경과 근육 접합부의 흥분성이 높아져 가벼운 자극으로 근육, 주로 손, 발, 안면의 근육이 수축 경련을 일으키기도 한다.

❸ 칼슘은 뼈와 치아의 건강을 튼튼히 해주고 마그네슘과 결합하여 심장의 맥박을 규칙적으로 맞도록 도와준다. 또한 철분의 신진대사 근육에 대한 신경의 자극을 강하게 울려주고 불변증과 신경계의 긴장을 완화시켜 준다.

2) 먹는 방법

❶ 칼슘은 우유, 유제품, 뼈째 먹는 생선 등에서 섭취 할 수 있다. 녹색의 채소에서도 칼슘을 많이 함유하고 있지만 흡수율이 좋지 못하고, 육류 및 곡류의 칼슘함량은 다소 낮다.

<표 1-6> 식품의 칼슘 함량

구분	1회 섭취량	칼슘 함유량(mg)	열량(kcal)
일반우유	1컵(200ml)	200	140
큰멸치 말린 것	20g	380	60
잔멸치 말린 것	20g	180	48
정어리 통조림	소 1토막 (50g)	120	64
명태	소 1토막 (50g)	55	40
두부	1/5모 (50g)	100	67
순두부	½봉 (200g)	95	94
삶은 계란	1개 (60g)	22	87
돌나물	70g	148	8
청경채	70g	63	10
근대 (삶은 것)	70g	42	16
브로콜리 (데친 것)	70g	33	20

❷ 나이, 스트레스, 술, 운동부족, 중금속, 이뇨제의 장기 복용, 부갑상선기능 저하, 신장 기능 저하 등도 칼슘흡수를 저해한다.

❸ 음식물이 소화관을 빨리 지나가도 칼슘흡수가 저하되며, 현미, 오트밀 등에 있는 피트산도 칼슘을 결합하여 배설시켜 버린다.

5. 빈혈을 예방하는 철분

체내에 산소를 공급해 주는 헤모글로빈의 구성 성분으로서 산소를 각 조직으로 운반하는 역할을 한다. 철분은 체내에 미량 존재하나 그 작용은 매우 중요하다. 노인들에게 자주 나타나는 철 결핍성 빈혈은 흔히 나타나는 영양 결핍 증상 중 하나다.

1) 철분의 기능
❶ 빈혈의 원인 중 가장 흔한 것은 혈색소를 만드는데 필요한 철분 결핍성 빈혈이며 이것은 육류섭취를 거의 하지 않을 때, 출혈이 있을 때 등이 노인에게 흔한 원인이 된다.

❷ 노인들에게 철분이 부족해지면 조금만 움직여도 가슴에 통증을 느끼게 되며, 심장기능이 안 좋은 노인이 빈혈이 생기면 몸이 잘 붓는 증상이 생기게 된다.

❸ 아주 경미한 치매가 있는 노인에게 철분 부족으로 인한 빈혈이 오면 치매 증상이 심해진다.

2) 먹는 방법
❶ 철분이 많이 들어있는 음식은 푸른 채소류, 고기류, 생선류, 계란 노른자, 굴, 견과류, 조개류 등이다. 철분이 많은 음식들은 계란노른자, 쇠고기, 쇠간, 굴, 대합, 바지락, 김, 미역, 다시마, 파래, 쑥, 콩, 강낭콩, 깨, 팥, 잣, 호박, 버섯 등이 있다.

<표 1-7> 식품의 철분 함량

식품명	분량	함량(mg)	식품명	분량	함량(mg)
쌀밥	1공기	0.2~0.5	달걀	1개	1.1
빵	1쪽	0.9	햄	100g	0.9
검정콩	¼컵	2.5	고등어	90g	1.3
참깨	1큰숟갈	1.0	굴	90g	11.4
밤	중 3개	13.1	중멸치	80g	12.2
아몬드	22개	1.1	참게	중 1마리	11.4
쇠간	100g	6.3	바지락	½컵	13.3
쇠고기	100g	2.9	참치 통조림	90g	2.7
닭고기	100g	1.1	치즈	30g	0.2
브로콜리	반컵	0.9	우유	200ml	0.1
시금치	반컵	3.2	요구르트	200mg	0.1

❷ 채소나 과일에 들어있는 비타민 C와 당근과 멸치에 들어 있는 칼슘이 철분의 흡수를 도와준다.

❸ 철분 흡수를 방해하는 물질은 커피, 녹차, 홍차, 생우유가 있다. 따라서 녹차를 매일 마신다든가, 생우유를 권장량 이상으로 많이 먹으면 철분 흡수가 방해될 수 있다.

6. 뇌 기능을 유지해 주는 비타민

비타민이란 동물에 있어서 필수적으로 소량으로써 성장발육과 정상 몸의 기능을 유지(향산성)시키는 화학적으로 무관한 유기 영양소 그룹이다. 비타민이란 말은 생명을 의미하는 Vita와 모든 비타민류에 할당 된 이름인 amin에서 유래됐다. 비타민은 체내에서 합성되거나 충분한 량이 합성되지 않으므로 음식물을 통해 섭취해야 한다. 이는 미네랄과는 별개의 것이다. 에너지를 만들지는 않지만 생명 유지를 위해서 반드시 필요한 영양소다.

비타민은 단백질, 탄수화물, 지방과는 구분되지만 우리 몸의 건강을 유지시키는데 주요 영양소들을 도와서 중요한 역할을 담당한다. 한 가지 비타민이라도 식사에서 결핍된다면 노인들은 정상적으로 성장하지 못하게 된다. 체내에서 거의 합성되지 않는 비타민은 음식이나 비타민제를 통해 꼭 섭취해야 한다.

1) 비타민의 기능
❶ 몸의 활력증진
대부분 효소나 효소의 역할을 보조하는 조효소의 구성성분이 되어 탄수화물, 지방, 단백질의 대사에 관여한다. 특히 비타민이 피로회복은 물론 뇌 기능에도 도움이 된다는 보고도 많다.

❷ 성인병 예방
비타민은 당뇨, 뇌졸중, 고혈압, 치매, 심장병, 백내장 등 현대인의 건강을 위협하는 성인병에 직접적 혹은 간접적으로 도움을 준다.

❸ 노화방지
비타민 특유의 항산화 작용은 나이가 들면서 체내에서 생성되는 유해산소를 차단함으로써 노화를 억제 하고 젊음을 유지 할 수 있게 도와준다.
❹ 촉매제 역할

비타민의 역할은 비타민이 필수적이지만 에너지를 공급하지는 않지만 몇몇 비타민들은 에너지 생산에서의 열량을 우리 몸에 유용한 에너지로 바꾸는 역할을 한다. 그들은 열량을 발화시키고 몸의 기능을 작동하게 유지시키는 촉매제이다. 간단히 말해서 비타민은 사람과 동물의 정상적인 생화학적 신체기능을 유지시키는 일을 돕는 역할을 한다.

2) 비티만의 종류
❶ 비타민 A
비타민 A는 스트레스 해소에 도움을 주며, 노화를 방지하고 뇌기능의 저하를 예방하는 효과를 갖고 있다. 비타민 A를 다량으로 함유하고 있는 식품은 생선의 간유, 간, 뱀장어, 계란, 치즈, 녹황색 야채 등이 있다.

❷ 비타민 B
비타민 B는 뇌 혈류량을 증가시켜 뇌세포의 건강을 돕고 뇌혈관성 치매를 예방하는 대표적 영양소다.
- 비타민 B_1 : 뇌의 유일한 에너지원인 포도당을 연소시키는 작용을 한다. 비타민 B_1은 생선, 살코기, 우유, 닭고기, 현미, 보리, 통밀, 해바라기씨, 잣 등에 풍부하게 함유되어 있다.
- 비타민 B_2 : 뇌의 대사활동에 필수요소로서 기억력 감퇴를 예방한다. 비타민 B_2는 쇠고기, 돼지고기, 콩류, 견과, 간, 우유, 메주, 된장 등에 풍부하게 함유되어 있다.
- 비타민 B_{12} : 핵산의 작용을 받아 세포 분열을 활발하게 촉진시키는 기능을 한다. 결핍되면 세포는 분열되지 않고 점차 커지기만 하며, 기억력을 퇴화시킬 수 있다. 기억력이 감퇴되면 혈중 비타민 B_{12}, 엽산농도를 체크하는 것이 필수적이다. 비타민 B_{12}는 해조류나 감귤류에 약간 함유되어 있지만 역시 가장 많은 것은 간이다.

❸ 비타민 E

비타민 E는 노화를 억제하고 피의 흐름을 좋게 하고 혈관을 강화해서 두뇌에 대한 영양보급을 활발하게 하여 뇌세포의 노화를 억제하고 치매를 예방한다. 비타민 E를 다량으로 함유하고 있는 식품으로서는 콩, 땅콩, 소맥 눈, 현미, 콩나물, 시금치, 계란의 노른자위, 우유, 간, 피망, 사프란 등이다.

❹ 비타민 C

비타민 C는 유해산소를 중화시키는 항산화 효과를 가지며 인지기능 장애의 가능성을 줄여준다. 또한 노화를 방지하고 유연성을 유지시키는 체내의 콘드로 이틴황산의 감소를 억제하여 노화를 방지하고 뇌기능의 저하를 예방하는 효과 를 갖고 있다. 그리고 스트레스를 줄여 주어 치매를 예방하기도 한다.

스트레스가 쌓이면 인간에게 갖추어진 방어 기구가 자동적으로 작용하여 두 뇌나 몸의 기능을 정상적으로 유지시킨다. 이때에는 대량의 비타민 C가 필요하 게 된다.

비타민 C를 다량으로 함유하고 있는 식품은 생선의 간유, 간, 뱀장어, 계란, 치즈, 녹황색 야채 등이 있다.

❺ 비타민 D

비타민 D의 결핍은 노인에게 낙상 및 우울한 기분을 유발한다. 비타민 D는 달걀노른자, 생선, 간 등에 들어 있지만 대부분은 햇빛을 통해 얻는데 자외선이 피부에 자극을 주면 비타민 D 합성이 일어난다.

7. 뇌를 건강하게 하는 지방

지방은 우리의 내장기관을 보호하며, 체내에서 농축된 에너지를 공급해 주는 공급원이기 때문에 생존하기 위해서 꼭 필요한 물질이다.

원래 지방은 상온에서 고체 형태를 이루는 기름을 말하며 액체 상태인 기름과는 구별하지만, 본질적인 차이는 없다. 지방에는 소, 돼지기름 및 버터와 같은 동물성 지방과 마가린, 쇼트닝, 마요네즈와 같은 식물성 지방으로 나누어진다.

노인들은 총 열량의 25%를 지방에서 섭취해야 한다. 노인들은 식사량이 적기 때문에 농축된 에너지 공급원으로서의 지방 섭취가 중요하다. 건강유지에 필수적으로 필요한 지방산인 필수지방산과 지용성 비타민 섭취도 중요하다. 음식을 통해서만 공급받을 수 있는 필수 지방산이 부족하면 건강 유지가 어려우며, 뇌뿐만 아니라 다른 기관들도 기능 저하가 올 수 있기 때문이다.

1) 지방의 기능
❶ 성인병 예방
필수지방산은 견과류, 들기름, 등푸른 생선 등에 풍부하게 들어 있으며, 필수 지방산의 섭취는 콜레스테롤의 위험에서 빠지지 않게 해주며, 각종 성인병을 예방하는데 도움이 된다.

❷ 뇌에 영양을 공급
우리의 뇌는 60%가 지방질로 되어 있기 때문에 지방이 결핍되면 뇌가 영양 부족 상태에 빠져 뇌 기능의 유지와 건강이 제대로 이루어지지 않는다. 지방은 뇌에 농축된 에너지를 공급해 주어 머리를 맑게 해주는 기능을 한다. 그렇기 때문에 치매를 예방하기 위해서는 질 좋은 필수 지방산을 먹여야 한다.

2) 먹는 방법

❶ 지방은 동물성인 버터, 쇠기름, 돼지기름 등이 있고, 곡류, 콩류, 어패류, 육류, 계란, 우유 등에도 지방이 함유되어 있다.

❷ 좋은 지방은 오메가3, DHA, 리놀레산, 불포화 지방이 풍부한 올리브유 등으로 알츠하이머병의 발병을 낮게 만든다.
 - 오메가3지방산은 정어리, 참치, 고등어, 꽁치, 삼치, 연어 등에 풍부하다.
 - DHA는 참치, 고등어, 꽁치, 장어, 정어 등에 풍부하다.
 - 리놀레산은 푸른 잎 채소, 견과류, 아마씨 등에 풍부하다.
 - 올리브유는 뇌혈관 질환 예방과 기억력 증진에 도움이 된다.

❸ 뇌를 건강하게 하는 필수지방산이 풍부한 식품으로는 검은 참깨와 호두, 잣, 땅콩 등의 견과류가 있다. 특히 검은 참깨에는 뇌를 건강하게 만드는데 필요한 지방들이 45~55%정도 함유되어 있고, 뇌 신경세포의 주성분인 아미노산도 골고루 들어 있어 치매예방에도 좋다.

❹ 천연 호두에서 추출한 순도 100%의 호두 기름에도 건강한 뇌를 만드는 지방산이 특히 많이 들어있다. 때문에 노인들이 간식으로 호두를 먹거나 호두 기름을 사용하는 것은 치매예방에 좋다.

❺ 트랜스 지방은 우리의 건강을 해치는 것으로 마가린, 쇼트닝, 마요네즈 등의 식재료는 물론 이런 재료들을 이용해 만든 팝콘, 크루아상, 도넛, 피자, 과자, 쿠키, 감자튀김, 햄버거, 초콜릿 가공품 등은 노인들에게 되도록 자제하는 것이 좋다.

8. 뇌를 좋게 하는 DHA

　노인들의 치매를 예방하기 위해서는 두뇌 기능의 유지와 인지능력을 높이는 것이다. 두뇌 기능을 유지하기 위해서는 어떤 음식을 어떻게 섭취하느냐에 따라서 뇌기능도 달라지고 뇌 건강을 유지하는데 많은 영향을 미친다.

　요즘에 시중에 나와 있는 식품 중 우유나, 과자, 치즈, 음료수 등에 'DHA 성분 함유'라는 말이 안 들어간 제품이 없을 정도로 많다. DHA는 뇌세포를 구성하는 성분으로 두뇌가 갖는 본래의 기능을 정상화 시킨다. 따라서 DHA를 많이 섭취하면 뇌의 작용이 원활해져 두뇌발달과 기능 유지에 도움이 되고, 기억이나 학습능력을 좋게 하는 효과가 있다.

　DHA는 고등어, 꽁치 등 등푸른 생선에 많이 들어 있고, 참치나 삼치 등에서도 섭취할 수 있다 DHA는 등푸른 생선에 많이 포함되어 있는 불포화산 지방산으로 체내에서 충분히 합성되지 않아 음식물을 통하여 섭취 가능하며 혈중 콜레스테롤 개선 및 원활한 혈행 개선에 도움이 된다.

　DHA는 건강유지에 중요한 지방산이며 신체 변화에 따르는 생리 활성물질의 생성을 원활히 하고 두뇌 구성성분 및 콜레스테롤, 혈행 개선에 도움이 되는 건강보조식품이다. 그래서 생선을 많이 먹으면 두뇌가 좋아지는 것이다.

　DHA는 안구 및 시신경의 세포를 보호하고 신경 전달을 원활하게 하여 시신경의 발달에 적극적으로 기여하며, 뇌신경 발달에 매우 중요한 역할을 한다. 생선 기름이 치명적인 부정맥 위험을 감소시켜 심장마비의 재발을 크게 줄인다.

제5장 치매예방에 좋은 식품

치매를 예방하기 위해서는 뇌의 기능을 높이고, 활성화하는
식품들을 먹어야 한다. 치매예방에 좋은 식품은 견과류,
현미, 콩, 계란, 생선, 과일, 우유, 해조류 등이 있다.

1. 치매를 예방하는 견과류

인지 기능은 뇌혈관 염증이나 혈류량 등 뇌혈관의 상태와 밀접한 관계가 있다. 따라서 혈관에 나쁜 영향을 주는 포화지방이 적고 좋은 지방인 불포화지방은 많은 견과류가 치매 예방에 도움을 줄 수 있다.

호두, 잣, 땅콩 등 견과류는 식물성 오메가3 지방산인 알파리놀렌산(ALA)이 풍부하며, 비타민 E가 풍부해 혈전과 고지혈증을 개선, 뇌졸중을 예방하고 치매의 진행을 막아주는 효과가 있다. 미국 농무부(USDA)에선 1일 적정량으로 호두(반 개 기준) 12~14개, 아몬드 24개, 땅콩 35개, 피칸 15개, 캐슈넛 18개를 권하고 있다. 견과류의 효능을 보면 다음과 같다.

● 호두 : 불포화지방산이 다량 함유되어 있고 뇌신경을 안정시키는 칼슘과 비타민 B군이 풍부하다. 호두에 들어 있는 콜린과 오메가3은 뇌세포를 보호해주고, 리놀레산이라는 성분은 뇌기능 향상에 도움을 주어 기억력과 집중력을 높여주는 작용을 한다. 따라서 호두를 많이 먹으면 치매를 예방하는 효과가 있다. 호두를 하루에 서너 개 정도 먹으면 치매예방에 도움이 된다.

● 검은 참깨 : 뇌신경세포의 주성분인 아미노산이 균형 있게 들어 있어 최고의 두뇌 건강식품이다.

● 말린 자두와 건포도 : 철분을 비롯하여 미네랄, 비타민, 식이섬유 등 다양한 성분을 함유하고 있어 치매예방에 좋다.

● 건포도, 블루베리, 딸기 등은 암 예방과 치료, 치매, 성인병, 시력회복, 변비 예방에 좋다.

2. 성인병을 예방하는 현미

쌀은 예로부터 지금까지 우리의 주식이다. 우리의 식탁에 매일 오르고 있는 쌀밥은 예전의 쌀과 비교되지 않을 정도로 부드럽고 윤기가 흐른다.

쌀의 구조를 보면 크게 쌀눈과 외강층, 쌀겨, 백미로 구성되어 있다. 현미는 벼의 왕겨만 한 번 벗긴 쌀을 현미라 하며 백미는 열 번 이상 벗긴 쌀로 정미소에서 일괄적으로 도정을 한다. 이때, 쌀의 영양분이 모두 사라지고 정작 백미에는 5% 정도의 영양분만이 남아 있다. 나머지는 쌀겨와 쌀눈으로 95%의 영양분이 포함되어 있으나 이는 모두 버려지고 있는 실정이다.

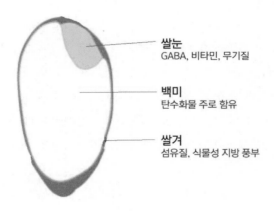

쌀눈
GABA, 비타민, 무기질

백미
탄수화물 주로 함유

쌀겨
섬유질, 식물성 지방 풍부

[그림 1-7] 쌀의 구조

현미는 쌀눈과 쌀겨가 그대로 살아 있고, 여기에 백미에 없는 영양소를 그대로 응축하고 있으며 비타민 E와 토코트리에놀이 많이 들어 있다. 토코페롤보다 항산화작용이 40~60배 강한 것으로 밝혀진 토코트리에놀은 항산화, 항암, 고지혈증 개선, 혈당 저하, 동맥경화 완화 등 다양한 생리활성을 가지고 있다. 뇌졸중과 치매를 예방하고 혈압을 안정시키는 역할을 한다.

쌀눈과 쌀겨 층에는 비타민과 미네랄이 풍부한데 이는 탄수화물을 소화시키는데 도움을 주는 효소역할을 한다. 그러나 꼭 이러한 성분은 아니더라도 오늘날 온갖 공해와 스트레스 속에서 질병에 거의 무방비 상태로 놓여 지기 쉬운 노인들에게는 몸의 자연치유력을 회복하고 강화해 주는 것이 좋다.

몸의 자연치유력을 회복하고 강화해 주는 방법은 현미, 통밀, 통보리, 콩, 기타 잡곡류와 같이 씨눈이 살아 있는 음식의 섭취가 절대적으로 필요하다.

우리가 흔히 먹는 보통의 밥은 백미로 지은 것이다. 백미로만 식사를 하게 되면 섬유질이 부족으로, 소장벽에서의 흡수가 급속히 진행되어 그만큼 살이 찌기가 쉽고 당뇨나 성인병에 걸릴 확률이 높아진다. 현미와 잡곡에 풍부한 섬유질은 그 자체가 영양분은 아니나 영양분의 흡수를 조절하고 변의 배설을 돕는 역할을 담당한다.

[그림 1-8] 현미

3. 아미노산이 풍부한 콩

콩은 '밭에서 나는 고기'라 불릴 정도로 필수 아미노산이 풍부한 완전 단백질 식품이다. 콩은 KBS의 2005년 송년특집 위대한 밥상에서 한국인이 꼭 먹어야 할 '비타민 10대 밥상'에서 당뇨 예방에 좋은 음식으로 뽑혔다. 위대한 밥상에서는 당뇨병을 위해선 평소 혈당지수가 낮은 음식을 섭취하는 게 좋은데 바로 콩이 혈당지수를 낮출 수 있는 대표적인 음식이라고 하였다. 또한 세계적으로 유명한 장수촌의 특징에서도 콩이나 콩을 가공한 두부나 메주를 섭취하는 곳이 많았다.

콩의 종류에는 강낭콩, 녹두, 팥, 동부, 검은콩, 서리태, 완두, 백태, 땅콩, 우리콩 등이 있다.

우리나라는 예로부터 축산업이 크게 발달하지 못했다. 그런 사회적 환경에 따라서 사람들의 식성도 자연스럽게 채식 위주로 되어 왔다. 하지만 채식위주의 식사만 계속 할 경우 영양성분 면에서 불균형을 가져오게 되는데, 특히 단백질과 지방질의 섭취가 부족하게 되기 쉽다. 그래서 항상 밥에다 콩을 넣어 먹음으로써 건강을 유지해 왔고, 신선한 채소가 없었던 겨울철에는 콩나물을 길러 먹음으로써 우리 몸에 필요한 비타민을 섭취하면서 지혜로운 삶을 살았었다.

1) 콩의 효능

사람의 살, 피, 뼈, 머리카락, 손톱, 발톱, 효소까지도 단백질로 구성이 되어 있기 때문에 단백질은 절대적으로 필요한데 콩에는 단백질이 많이 들어 있다. 특히 콩 속에 들어 있는 식물성 단백질은 40대 여성들이 걸리기 쉬운 골다공증을 예방하는 데 효과적이다.

콩 속에 풍부한 식이섬유는 위와 장에서 포도당의 흡수 속도를 낮추어 당뇨병을 억제하고 급격한 혈당 상승을 막는 효능이 있다고 하였다.

콩에는 인체에 필요한 아미노산이 18가지나 함유돼 있으며 더 나아가 체내에서는 합성되지 않는, 반드시 외부로부터 섭취하지 않으면 안 되는 필수 아미노산도 8가지나 함유 돼 있다. 특히 콩에 들어 있는 사포닌은 피를 맑게 하는 효과와 함께 뇌의 기능을 강화하는 효과가 있다. 방금 수확한 날 콩에서 나는, 엷은 애린 맛과 쓴 맛이 바로 사포닌이다.

과거로부터 콩은 오곡의 하나로 꼽혀 왔으며 탄수화물 식품인 쌀을 주식으로 먹는 우리에게는 쌀에 부족한 단백질과 지방질을 보충하고 공급하는데 있어 가장 적절한 식품임을 어느 누구도 인정 하지 않을 수 없다.

2) 콩 가공품
❶ 메주
메주는 푹 삶은 메주콩을 볏짚꾸러미 등에 넣고 띄운 식품이다. 메주는 메주균에 의해 콩의 단백질이 분해되기 때문에 특유의 향기와 풍미를 갖고 있다. 메주는 단백질은 100g 중에 15g, 지방이 약 10g이나 함유돼 있으며, 분해가 진행됐기 때문에 흡수도 빠르다. 더욱이 메주균에 의해 구내염이나 피부염을 방지하는 비타민 B_2는 원래 콩의 12배 이상이나 증가돼 있다. 또한 사포닌도 0.09~0.1%가 들어 있다.
메주를 가지고 만든 가공식품에는 간장과 된장이 있다.

❷ 두부
두부는 콩을 으깨어 콩 속에 있는 단백질이나 지방 같은 가용 성분을 응고제로 굳힌 것이다. 만드는 방법은 우선 콩을 물에 넣어 부드럽게 한 후 소량의 물을 부으면서 갈아 으깬다. 여기에 10배 정도의 물을 더 부어서 끓인 후, 차가워지기 전에 천으로 짠다. 두부는 수분이 많고(전체의 약 89%) 양질의 단백질과 지방이 풍부한 영양 식품이며 칼슘의 보급원으로서 최적이라고 할 수 있다. 두부는 소화성도 우수하며, 특유한 맛, 탄력 있는 질감을 준다.

❸ 두유

콩을 짠 즙이며 두부의 직접적인 원료이다. 최근엔 마시는 알칼리 식품으로서 '두유 붐'이 일어나고 있으며 독특한 콩 냄새를 없앤 제품이 시판되고 있다. 두유는 원래 콩이 가지고 있는 단백질의 80%는 두유로 옮겨가고, 단백질은 100g중 약 6g, 지방이 100g 중 3.5g, 사포닌은 0.5%가 들어 있다. 지방의 대부분이 리놀산이나 리노렌산과 같은 필수 지방이다. 특히 리놀산은 지방을 구성하는 지방산의 약 52%를 차지하고 있다. 이들 필수 지방산에는 고혈압이나 동맥경화 등과 같은 성인병의 원인이 되는 콜레스테롤을 배출시키는 작용이 있으며 성인병의 예방에 효과적인 음식물이다. 더욱이 우유에는 함유되어 있는 콜레스테롤이 두유에는 전혀 들어 있지 않다.

❹ 비지

두부를 만들고 난 찌꺼기를 말한다. 콩이나 두부보다는 성분적인 면에서 약간 떨어지지만, 칼로리가 낮고(비지의 칼로리는 콩의 ¼에 불과하다), 식이섬유가 100g 중 11.5g이나 들어 있어, 무려 우엉의 두 배나 된다. 맛도 훨씬 담백한 것이 장점이다. 비지는 입맛에 맞춰 다양하게 요리할 수도 있으며, 부피감이 있기 때문에 소량으로도 배가 부르다.

[그림 1-9] 다양한 콩류

4. 완전 단백질 계란

계란은 우리주위에서 손쉽게 구할 수 있고 흔하게 볼 수 있는 식품이다. 그래서 우리는 희소성의 가치가 낮은 계란을 섭취했을 때 우리 몸에 얼마나 이롭고 좋은 영향을 미치는 지는 생각을 하지 않는다.

계란은 다른 단백질 위주의 스태미나 음식에 비하여 필수아미노산이 균형 있게 들어 있으며, 비타민과 미네랄까지 영양 면에서 어느 것 하나 손색이 없어 완전식품이라 불린다. 덕분에 남녀노소를 막론하고 가능한 한 많이 먹을수록 좋은 식품이며, 특히 성장기 어린이에게 두뇌발달에 꼭 필요한 레시틴이 풍부하게 들어 있다는 것이다. 계란노른자에 든 레시틴은 뇌의 먹이라고 불릴 정도로 뇌 활동에 절대적으로 필요한 성분이며, 기억력을 증진시킬 수 있고 치매까지 예방할 수 있다.

서양에서는 부활절 아침에 계란을 먹는 풍습이 있는데 이는 계란이 새로운 삶의 상징이자, 긴 사순 기간에 결핍된 영양을 계란을 통해 보충하려는 지혜의 발로다. 계란노른자에 풍부한 레시틴은 혈중 콜레스테롤이 높아지는 것을 막아준다. 계란에 있는 레시틴은 콜레스테롤 농도를 낮추고 간에 지방이 쌓이는 것도 막아준다. 따라서 콜레스테롤 수치가 정상인 사람이라면 하루 한두 개 정도의 계란 섭취는 문제가 되지 않는다.

특히 육식을 주로 하는 서양인과는 달리 채소를 많이 먹고, 우유 소비량도 적은 우리나라 사람들에겐 계란을 많이 먹어 혈중 콜레스테롤 농도가 높아지는 경우는 거의 찾아보기 힘들다. 건강에 막대한 타격을 주는 유해성 콜레스테롤은 주로 포화지방을 함유한 육류나 튀김에 오히려 더 많다.

계란을 고를 때는 껍데기가 두껍고 거칠거칠한 것이 좋다. 계란을 사서 냉장고에 넣으면서 어디가 밑으로 가야 할지 고민하는 경우가 많은데 뾰족한 쪽이 밑으로 가게 넣고 오물이 묻어 있는 것은 빨리 쓰도록 한다. 계란 껍데기는 까칠한 난 각층과 작은 구멍이 있는데 씻느라고 문지르면 얇은 막이 벗겨져서 세균이나 곰팡이가 침입하여 오염될 수 있다.

계란은 생산일로부터 통상 5일 이내에 먹는 것이 가장 좋으며, 냉장고에는 3주까지만 보관하는 것이 좋다. 계란을 보면 둥그스름한 쪽과 뾰족한 쪽이 있는데 둥그스름한 쪽을 통해 계란이 숨을 쉬므로 뾰족한 쪽을 밑으로 해서 보관해야 한다.

보통 냉장고 문에 계란 보관 케이스가 있는 경우가 많은데, 계란을 자주 여닫는 문에 보관할 경우 계란에 충격이 가해져 신선도가 빠르게 떨어질 수 있다. 신선한 계란은 깨뜨려 보면 알 수 있는데, 노른자의 높이가 높고 탄력이 있으며 흰자는 두께가 두껍고 투명하며 점도가 좋아야 신선한 계란이다. 깨뜨렸을 때 노른자의 경계가 불분명하거나 노른자가 풀어진 것은 상한 것이므로 버려야 한다. 계란 표면은 껍질 전체의 결이 곱고 매끈하며 무엇보다 단단해야 신선하다.

계란은 우리가 가장 싼 값에 구할 수 있는 가장 완벽한 식품이면서 다양한 요리에 활용할 수 있으며 맛 또한 훌륭하다.

5. 두뇌 활동에 좋은 생선

생선을 많이 먹으면 머리가 좋아진다는 것은 과학적으로 입증 된 사실이다. 생선 중에 두뇌의 발달을 도와 지능을 좋게 하는 DHA란 성분이 많이 들어 있기 때문이다.

사람의 뇌에는 DHA란 성분이 10%정도 들어있는데, 이 성분의 역할은 기억 학습능력을 향상시키는 작용을 하여 뇌의 기능을 좋게 한다. 이 기능은 태아나 성장기 어린이, 노인들에게 같은 효과가 있어 치매를 예방할 수 있다.

생선이라고 해서 모두 똑같은 양의 DHA가 들어있는 것은 아니다. 참치, 방어, 고등어, 꽁치, 장어, 정어리 등 등푸른 생선에 주로 많이 들어있다. 또한 참돔, 잉어, 가자미, 넙치, 대구, 농어 날치 등 흰살 생선에도 적은 양이지만 들어 있다. 특히 요즘에는 이른바 웰빙이 강조되면서 육류보다 생선이 건강에 좋다는 인식이 널리 퍼져 있다.

생선에는 우리 몸에 좋은 영양성분을 함유하고 있는데, 그중에 생선은 양질의 단백질을 많이 함유하고 있다. 다양한 아미노산으로 분해되어 우리가 필요로 하는 체구성 물질, 즉 세포구성 물질이 되어 건강 유지에 아주 중요하다.

생선은 일반적으로 DHA와 EPA가 인체의 노화를 막아 젊음을 유지시켜 주는 식품이므로, 산성 체질에서 발생률이 많다는 암류의 발생을 억제시키는 기능이 있다. 생선에는 생리작용에 필수적인 비타민류와 무기염류가 많이 함유되어 있어 건강 유지에 기여한다. 고단백 저칼로리의 수산식품은 무엇보다도 비만의 원인이 될 수 있는 것을 차단함으로써 건강 유지에 좋다.

등푸른 생선은 바다 표면 가까운 곳에 살고 있어 물살에 따라 헤엄쳐 다니면서 운동을 많이 하기 때문에 근육이 단단하고 지방 함량이 20%정도 더 높으며 비린내가 많다는 특징이 있다. 대표적인 등푸른 생선으로는 고등어, 꽁치, 정어리, 청어, 삼치, 가다랑이, 참치, 장어, 연어, 방어, 멸치, 뱅어 등이 있다.

등푸른 생선에는 비타민 D가 많이 들어 있는데 이것이 칼슘과 인산의 흡수를 도와 뼈와 이를 튼튼하게 해준다. 따라서 성장기 어린이의 발육은 물론 노인이나 갱년기 이후 여성의 골다공증 예방에 비타민 D가 필요하다.

멸치, 뱅어 등의 뼈째 먹는 생선과 정어리, 꽁치 등의 통조림에는 칼슘이 풍부하게 들어 있는데, 이들 생선을 많이 먹으면 체액이 약알칼리성으로 유지되어 건강에 좋을 뿐만 아니라 뼈와 이가 튼튼하게 된다. 특히 성장기에 있는 어린이나 뼈가 물러지기 쉬운 노인들이라면 이들 식품을 신경 써서 먹을 필요가 있다.

흰살 생선은 맛이 담백할 뿐만 아니라 바다 깊이 살면서 운동을 별로 하지 않아 살이 비교적 연한 편이다. 흰살 생선은 노화방지, 시력강화, 각종 염증에 효과적이다. 흰살 생선은 지방질이 적고 살이 연해 소화 흡수력이 떨어지는 어린이나 노인, 환자들에게 특히 좋다. 흰살 생선은 등푸른 생선에 비해 영양가는 떨어지지만 비린내가 적고 맛이 담백해 누구든지 즐길 수 있다. 붉은색 생선과는 달리 생선살이 흰색을 띠고 있으며 껍질이 비늘로 덮여 있거나 두꺼운 것이 특징이다.

대표적인 흰살 생선으로는 대구, 명태, 조기, 민어, 광어, 가자미, 도미, 복어, 농어, 갈치, 준치 등이 있고 민물고기로 잉어, 붕어, 은어 등이 있다. 등푸른 생선에 비해 영양 성분은 적은 편이지만 명란과 같은 것에는 각종 영양소가 풍부하게 들어 있으므로 식단에 자주 이용하도록 한다.

세계최고의 장수국가인 나라는 일본이다. 그 일본인들의 장수비결은 단연 생선을 이용한 요리와 생선회를 즐겨 먹는데 있다고 한다. 생선회는 불포화 지방산과 풍부한 섬유질. 저칼로리 고단백 식품으로 다이어트와 미용 그리고 건강 유지에 최상의 식품으로 이미 여러 학자들의 연구보고서 및 식품연감 등으로 뛰어난 영양에 대한 인정을 받고 있다.

6. 항산화 물질이 많은 채소

태양 에너지를 이용하여 여러 가지 영양소를 스스로 만들어 생존하는 생물을 식물이라고 하고, 이들이 만들어 놓은 영양소를 식품으로 이용할 때 흔히 채식이라고 한다. 채식이란 곡식, 견과, 감자, 고구마, 채소, 과실, 해조류 등을 일컫는다. 채소는 흰 색깔을 가진 채소보다 녹색의 채소가 더 좋고, 열을 가하지 않고 생으로 먹는 것이 더 좋다. 열로 가열해서 먹으면 많은 영양소들이 파괴되기 때문이다. 육식을 전혀 먹지 않고 채식만 먹으면 건강에 문제가 생기지 않을까 걱정하는 사람들이 많다. 그러나 채식만 하여도 별다르게 문제가 생기지 않는다.

채소는 뼈의 성장과 신경전달계에 관여하는 칼슘과 효소의 구성 성분인 마그네슘 등의 좋은 공급원이기도 하다. 채소에는 섬유소의 함량이 많아 장운동을 활성화시켜 변비를 예방해 주며 포도당과 콜레스테롤의 흡수를 저하시키는 등의 우리 몸에서 중요한 역할을 한다.

아무리 좋은 것이라도 먹는 방법이 잘 못되면 먹지 않은 것만 못하게 된다. 채소를 섭취 전에 주의할 것이 있는데, 채소 재배 시 농약을 사용하는 관계로 특별히 유의해서 잘 씻어야 하고 기생충 감염에 유의하여 깨끗하게 씻어서 위생적으로 조리해야 한다.

치매예방에 좋은 채소를 보면 다음과 같다.

• 감자 : 비타민 C, 비타민 E, 철분이 풍부하며 기억력과 사고력을 향상시키는 비타민 B_1과 B_2가 함유되어 있다.

• 샐러리 : 샐러리에 함유된 루테올린(luteolin)은 인지능력 감퇴를 지연시키며, 루테올린은 뇌의 염증을 제거해 뇌세포 노화도 막아준다.

• 카레 : 최근 카레의 주성분인 강황이 수퍼푸드로 급부상 중이다. 카레의 커큐민 성분은 치매를 일으키는 원인 중 하나인 뇌에 축적되는 독성 단백질을

분해하여 뇌세포를 보호하고 마음을 안정시켜 준다. 일부 과학자들은 이미 손
상된 뇌의 재건과 신경계통 이상을 치료하는데도 도움이 된다고 한다.

　• 노루궁뎅이 버섯 : 노루궁뎅이 버섯에는 헤리세논(Hericenone D)과 에
리나신(Erinacine C)은 신경세포 증식인자의 합성을 촉진해 치매와 알츠하이
머 증세를 예방한다.

　• 브로콜리 : 브로콜리에는 비타민 K와 엽산이 풍부하여 신경계에 좋은 영향
을 주어 치매예방과 치매지연에 도움이 된다.

　• 녹차 : 녹차 속 카페인은 뇌 속 해마의 기능을 활성화하는 역할을 한다.

　• 녹황색채소 : 항산화 효과가 높은 것으로 밝혀져 있다.

　• 검은 깨 : 기억력 증진에 좋은 레시틴과 리놀산이 혈액 순환과 노화방지에
도움을 준다.

[그림 1-10] 다양한 채소류

7. 비타민이 많은 과일

사람들은 과일을 꼭 먹어야 하는 음식이라고 생각하기에 식당에서 식사가 끝나면 꼭 후식으로 내놓는 음식이기도 한다. 과일은 비타민, 미네랄, 당분 등이 풍부하게 들어 있는 자연 식품이며, 피부미용에 좋고, 혈액을 알칼리성으로 만들어주기 때문에 건강식품이라고 생각한다.

과일은 당분 중에서도 과당이 많아서 중성지방으로 전환되기 쉽다. 따라서 당도가 높은 과일일수록 많이 먹으면 당분이 중성지방으로 전환되어 결국 비만의 원인도 기도 하고 지나치게 섭취하면 당뇨병을 악화시킨다. 더군다나 건포도나 곶감같이 과일을 말리면 당분의 함량이 놀랍게 많아진다. 생과일에는 수분이 그만큼 많기 때문이다.

과일은 색깔에 따라 그 효과와 하는 일이 다르다.

1) 빨간색 과일

빨간색 과일은 피를 생각하게 하는데, 붉은색은 건강과 에너지의 상징이고 과일의 빨간색은 우리 몸 안에서 유해산소를 제거하는 역할을 한다.

❶ 토마토 : 토마토의 붉은색의 라이코펜은 뛰어난 항산화력으로 암을 예방하는 탁월한 효능이 있다. 그리고 뇌의 활성산소 생성을 억제 뇌세포 파괴를 막아 치매예방에 탁월한 효과가 있다. 최근 연구에 따르면 토마토에 함유된 알파리포산(alpha-lipoic acid)도 뇌 조직 보호에 도움을 줄 뿐 아니라 이미 발병한 알츠하이머 진행도 지연시켜 준다고 한다.

❷ 딸기 : 딸기에 많이 있는 안토시아닌 역시 강력한 항산화물질이다. 안토시아닌은 시력 향상과 당뇨병 조절에 도움을 주고 혈액순환을 증진시킨다.

❸ 사과 : 사과에는 기억력 향상과 뇌세포 보호를 돕는 케르세틴 성분이 들어있다. 이는 뇌에 신경을 전달하는 물질인 아세틸콜린의 양을 증가시켜 준다.

2) 노란색 과일

노란색 과일의 대표적인 과일인 오렌지와 귤에는 플라보노이드가 풍부하다. 플라보노이드도 유해산소의 활동을 차단하는 뛰어난 항산화 물질이다.

3) 녹색 과일

기본적인 파이토케미컬의 효과는 채소를 통해서 얻을 수 있지만 녹색 과일에서는 질 좋은 영양소를 한 번에 얻을 수 있다. 키위는 비타민과 미네랄의 왕이면서 파이토케미컬도 풍부하다.

4) 보라색 과일

보라색 과일에는 포도와 블루베리가 있다. 포도는 이미 적포도주의 심장병 예방효과로 널리 알려져 있다. 껍질에 들어있는 플라보노이드가 동물성 지방섭취로 증가하는 노폐물이 혈관 벽에 침착하는 것을 막고 좋은 콜레스테롤 수준을 높여준다. 특히 유해산소에 의한 유전자 손상을 감소시키는 항암 작용도 한다.

※ 과일 씻기 Tip

깨끗하게 과일을 씻는 는 방법 중 가장 쉬운 방법은 식초와 소금을 이용하는 것이다. 사과, 배, 참외 등 껍질이 얇고 농약을 많이 뿌려 재배하는 것으로 알려진 과일의 경우는 물과 식초의 비율을 10:1로 해 씻어준다. 특히 수입 과실의 경우 수입되면서 부패하는 것을 막기 위하여 각종 농약을 대량으로 살포하는데 그렇기 때문에 식초나 소금을 탄 물로는 껍질에 묻어 있는 농약을 제거하기 힘들다. 과일 표면에 코팅제가 묻어 있기 때문에 알코올에 적신 천으로 닦아낸 다음 흐르는 물에 씻고도 껍질을 벗겨 먹어야만 안심할 수 있다.

---

8. 칼슘이 풍부한 우유

우유는 젖소의 젖샘에서 분비되는 특유한 향미와 단맛을 지닌 흰색의 불투명한 액체를 말한다. 우유는 어린 송아지의 유일한 먹이로서 송아지는 어미의 젖으로 생명을 유지하고 정상적인 성장을 할 수 있다.

우유는 소화률이 높고 위와 장의 건강에 좋으며 먹기에 편리하므로 모든 연령층의 사람에게 필요한 건강 영양식품이다. 소화율이 높다는 것은 우유의 주영양소인 단백질, 지방, 유당이 고스란히 체내에 흡수된다는 것을 의미한다.

1) 우유의 효능

우유는 수분·지방·단백질·유당 및 무기질의 주성분과 비타민·효소 등의 미량성분으로 구성되어 있다. 이와 같이 우유는 인체에 필요한 모든 종류의 영양소를 함유하고 있을 뿐만 아니라 흡수·이용률이 높아 단일식품으로는 가장 완전한 식품으로 알려져 있다.

영양소로서 우유의 지방·유당 및 단백질은 열과 에너지의 공급원이 되고, 특히 유단백질은 필수아미노산을 균형 있게 함유하고 있으며, 그 양도 다른 식품의 단백질보다 많다.

우유와 유제품은 성장을 증진시키는 한편 인체의 각종 질병에 대한 저항력을 높여준다. 최근 의학연구결과에 따르면 우유는 암세포성장을 억제하고 충치를 예방하는 등 질병 예방효과가 뛰어나며, 유제품을 많이 먹는 민족이 장수하는 것으로 밝혀졌다. 또한 칼슘이 부족하면 과민성이 되어 화를 내기 쉽고 주의력이 산만해지는 등 정신면에서도 불안정해진다. 따라서 칼슘이 부족해 치매에 걸리기 쉽다.

특히 우유를 많이 마시면 골다공증도 예방할 수 있다. 골다공증은 뼈 속의 칼슘성분이 체외로 빠져나가 뼈의 밀도가 감소됨으로써 생기는 병으로 뼈가 휘고, 골절을 일으키는 등 주로 중·노년 여성에게 많이 발병한다. 이 병을 예방하기 위해서는 충분한 칼슘섭취가 필요한데, 성인의 경우 하루에 3컵(약 700㎖)

정도의 우유를 마시는 것으로 우리 몸이 필요로 하는 1일 칼슘 권장량 800㎎ 을 공급받을 수 있게 된다.

2) 유제품
❶ 액상유제품
일반적인 백색시유, 비만과 성인병예방을 위한 저지방우유, 비타민, 칼슘 등 을 강화시킨 강화우유, 유당불내증 환자를 위한 유당분해 우유, 각종 향을 첨가 한 가공유가 있다.

❷ 요구르트
젖산균을 사용하여 우유를 발효시켜 만든 제품을 말한다. 요구르트는 떠먹는 형태의 호상요구르트와 한국, 일본, 유럽 등지에서 제조되는 액상요구르트가 있 으며 종류에 따라 다양한 향이나 과일을 첨가하기도 한다.

❸ 치즈
우유를 젖산균 발효와 효소(렌넷)의 작용에 의해 응고시키고 이를 적정기간 숙성시켜 제조하는 것을 말한다. 치즈는 주로 수분 함량에 의해 연질·반경질·경 질·초경질 4종류로 분류되거나 숙성의 특징에 따라 구별된다. 치즈는 전세계에 400~500여종이 있다.

3) 우유 먹는 방법
모든 노인들이 우유를 좋아하는 것은 아니다. 우유를 먹기 싫어하는 노인에 게 가장 편하고 먹게 하기 위해서는 시리얼을 우유와 함께 섭취하도록 하는 방 법이다. 영양학적으로도 우유와 시리얼을 함께 먹으면 우유만 먹는 것 보다 많 은 칼슘을 흡수할 수 있다. 시리얼을 우유와 함께 먹으면 시리얼 속의 유당, 비타민C 등이 우유 속 칼슘 흡수를 돕는다.

우유를 데워 천천히 마시거나, 유산균 요구르트, 치즈 등과 함께 섭취하는 것도 좋은 방법이다. 우유가 소화가 잘 안되는 노인은 딸기우유, 바나나우유 등의 과즙 우유를 마시면 괜찮다. 그 이유는 과즙이나 곡물 등이 첨가된 우유는 100% 흰 우유보다 원유 함량이 적어 유당의 함량도 그만큼 적어지며, 함께 들어간 과즙 등의 성분이 우유 섭취를 보다 부드럽게 하기 때문에 상대적으로 소화가 쉽다.

[그림 1-11] 각종 유제품

9. 성인병 예방에 좋은 해조류

오래전부터 해조류를 즐겨 먹던 우리에게는 김, 미역, 다시마, 파래 등은 익숙한 식품이라 할 수 있다.

알칼리성 식품인 해조류는 각종 미네랄과 비타민, 단백질, 식이섬유가 풍부해 피부 미용은 물론 원활한 신진대사를 돕고 각종 성인병 예방에도 탁월한 효과가 있다. 또한 암을 예방하고 다량의 철분이 있어 빈혈에도 좋다.

특히, 해조류는 알칼리성 식품으로 각종 미네랄과 비타민, 식이섬유가 많고 피를 맑게 하고 변비를 예방하고, 노화방지, 비만예방, 갑상선 장애 방지, 동맥경화. 고혈압 등이 성인병을 예방해준다. 그리고 다시마, 미역, 김, 톳 등에는 칼슘 함유량이 분유와 맞먹을 정도로 많이 들어 있어 여성의 골다공증이나 골연화증에도 매우 좋다.

해조류는 가격도 저렴하고, 영양이 풍부하며, 맛 또한 고소하고 담백하며, 쉽게 구할 수 있어 남녀노소 누구나 즐길 수 있다. 그 중에서도 우리식탁에 자주 올라오는 해조류에는 김, 미역, 다시마가 있다. 특유의 고소한 맛을 내는 김은 돌김, 재래김, 파래김, 파래돌김 등 그 종류도 다양하다.

미역은 고래가 새끼를 낳은 뒤 미역을 뜯어 먹는 것을 보고 산후 조리에 좋은 음식이라는 것을 알게 됐다. 실제로 칼슘 함량이 상당해 자궁 수축과 지혈에 큰 도움이 되고 신진대사를 활발히 돕는 요오드도 풍부하다. 해조류에 있는 요오드는 두뇌발달에 연관이 있는 갑상선 호르몬의 재료가 된다. 또한 미역은 머리를 맑게 해주는 칼륨이 많이 들어 있다.

10. 뇌에 나쁜 성분을 가진 인스턴트 음식

인스턴트 음식은 간단하면서도 짧은 시간 안에 조리할 수 있는 보존성 식품을 총칭하는 것으로 무엇보다 간편함과 빠른 시간에 요리할 수 있다는 것이 가장 큰 장점이라고 할 수 있다.

현재 시중에 나와 있는 인스턴트식품은 최근 밥(햇반, 햅쌀밥, 흑미햇반), 국(미역국, 북어국, 우거지 사골국, 해장국), 국밥(쇠고기국밥, 미역국밥, 콩나물국밥, 우거지 된장국밥) 등으로 종류가 다양해지고 있다. 이들 인스턴트식품은 1인용 혹은 2인용으로 포장돼 있으며 3분 안에 끝내주는 식품들이 많다.

그러나 인스턴트식품에 대하여 인스턴트식품은 가공과정에 의해 섬유질과 대사 영양소인 비타민, 미네랄이 거의 제거되어 칼로리만 있고 영양은 없어 비만을 일으킨다는 지적을 받고 있다.

인스턴트 음식에는 오랫동안 보존을 해야 하기 때문에 방부를 목적으로 하는 합성 보존료, 색깔과 향을 유지하기 위한 발색제와 향료, 맛을 내기 위한 화학조미료 등 인체에 유해한 첨가물들이 많이 포함되어 있어 뇌에 나쁜 영향을 줄 수 있다. 따라서 인스턴트식품을 먹기 위해서는 정확히 알고 그 피해를 줄여가도록 해야겠다.

<표 1-8> 인스턴트 음식 조리방법

품명	사용 시 유의사항
라면	우선 면만 끓여 건지고 물을 버린 후 다시 라면을 넣고 끓이는 것이 좋다.
햄, 소시지	끓는 물에 살짝 데쳐서 조리하면 발색제, 산화, 방지제, 인공색소 등의 성분을 어느 정도 줄일 수 있다.
어묵	조리를 하기 전에 우선 뜨거운 물에 담가두면 방부제가 우러나오므로 물을 버리고 요리한다.

11. 생명을 유지하는 물

물을 영양소라고 부르지는 않지만 생명을 유지하는 데 없어서는 안 될 만큼 중요하다. 물은 체내에서 영양소의 소화흡수를 촉진하고 몸에 쌓이는 찌꺼기를 몸 밖으로 배출하는 역할을 한다. 또한 땀을 흘릴 때 체온을 조절하기도 한다. 물은 우리 몸 조직의 2/3를 차지하고 있다. 설사를 하거나 땀을 많이 흘렸을 때에도 물을 충분히 보충해 주어야 한다. 물이 부족하면 식욕 부진, 구토 등이 생기며 심하면 탈수 증상을 일으키게 된다.

물은 몸 안에서 여러 가지 역할을 하는데, 우리 몸에 부족한 부분을 채워서 보충하는 역할을 담당한다. 몸에 이상이 생기는 것 중에는 열이 한 쪽으로 몰려서 한 쪽은 뜨겁고 한 쪽은 찬 데서 생기는 것이다. 그러므로 열이 몰려 있는 데서는 열을 사해주고, 냉한 쪽으로는 열이 흘러가도록 해야 한다. 몸 안의 열은 물을 통해서 오른쪽애서 왼쪽으로 돌고 있기 때문에 물이 모자라면 열이 머리에서 멈추고 왼쪽으로 넘어가지 못해 열이 한 쪽에 몰려 다른 쪽에는 냉한 곳이 생기는 것이다.

물은 영양분을 배달하는 역할을 담당을 한다. 우리가 먹은 음식물은 입에서 잘 씹고 위에서 잘 소화되면 십이지장에서 인슐린과 담즙을 섞어서 소장으로 넘기고 소장에서는 몸 안으로 흡수한다. 소장에서 흡수해 들인 영양분은 세포 사이에 있는 물질을 통해서 전신으로 전달이 된다. 몸 안에 필요한 물이 넉넉하지 못하면 흡수한 영양분이 전신으로 배달되지 않아서 먹기는 먹어도 실제로는 영양실조에 걸리게 되는 것이다. 그러므로 음식을 먹어서 영양분을 섭취하는 것보다도 먼저 그 영양분을 전신에 배달해 줄 물을 넉넉하게 마신다는 것이 더 중요한 것이다.

물은 몸의 모든 기능을 정상화시키는 일을 한다. 소장에서 영양분을 흡수해 들이고 남은 찌꺼기는 대장으로 보내어 진다. 대장에서는 그 찌꺼기에 있는 물을 흡수해서 몸 안에 필요한 물을 채우는 일을 한다. 이때 몸에 물이 너무 모자라면 대장에서 물을 너무 빨아들이기 때문에 변비현상이 일어나는 것이다. 그러므로 변비는 병이 아니라 몸에 물이 모자라기 때문에 물을 너무 흡수해서 생긴 현상이다. 그러므로 물을 많이 마시는 사람은 변비가 생기지 않는다. 그러나 대장이 약하면 물을 흡수시키는 일이 부진하므로 몸에는 물이 모자라면서도 변비가 되지 않는 것이다. 그러므로 변비가 있는 사람이 없는 사람보다 대장이 건강한 사람이다 대장이 약해서 몸에 수분이 모자라면 제일 먼저 머리에 비듬이 많아지고 또 기관이 말라서 호흡이 답답하고 목에 가래가 끼게 되는 것이다. 그리고 위도 약해지고, 심장도 약해진다. 심지어 간 기능도 약해지고 모든 기능이 다 약해지게 되므로 몸에는 물이 항상 넉넉해야 한다.

물은 혈압을 조절하는 역할을 한다. 혈액에 물이 모자라면 혈액이 진해져서 콜레스테롤 농도가 높아지고 그렇게 되면 혈압이 높아지게 된다. 그러므로 몸 안에 물이 넉넉해야 혈압이 올라가지 않는 것이다. 혈압치료는 근본적으로 혈액에 수분 농도가 넉넉해야 한다.

물은 체액을 정상화시키는 역할을 한다. 혈액은 혈관 속을 흐르는 피를 말하는 것이고 체액은 혈관 밖, 세포사이를 흐르는 피를 말하는 것이다. 체액에 물이 모자라면 몸이 마르고, 물이 변질되면 몸이 부어서 문제가 생기게 된다. 하루에 2000cc의 물을 마셔야 역시 2000cc의 소변으로 모든 노폐물이 배설되어 체액에 이상이 생기지 않는다. 그러므로 어떠한 식사보다도 먼저 물이 중요한 것이다

물은 몸 안에서 열을 순환시키는 역할을 한다. 몸 안에 필요한 양의 물이 모자라면 열이 제대로 순환이 안되어 오른쪽 머리에 몰리게 된다. 왼쪽의 뇌에는 물이 모자라기 때문에 흔들려서 어지럽고 오른쪽 뇌에는 열이 많기 때문에 아픈 것으로 양쪽 뇌의 느낌이 다르기 때문에 편두통이라 한다. 편두통을 없애는 길은 물을 넉넉히 섭취하는 것이다.

제2부 치매 예방을 위한 요리

제1장 현미를 이용한 요리

현미는 비타민과 미네랄이 풍부하여 탄수화물을 소화시키는데
도움을 주는 효소역할을 한다. 현미는 노인들에게 고지혈증과
뇌졸중과 치매를 예방하고 혈압을 안정시키는 역할을 한다.

1. 한 끼 식사로 영양이 충분한 소고기 현미죽

■ 재료
현미 1컵, 쇠고기 40g, 표고버섯(중) 1장, 물 3컵
❋ 양념장 재료 : 참기름 ½큰술, 다진 마늘·다진 파·소금·간장 약간씩

■ 만드는 법

❶ 현미는 물에 씻어 불려 체에 건져 물기를 뺀 후 그릇에 담는다.

❷ 방망이로 ½ 정도로 부순다. 더 작게 부수면 밥이 풀어진다.

❸ 쇠고기는 힘줄이나 기름덩어리를 제거하여 살코기로 곱게 다지고, 표고버섯은 얇게 포를 뜬 다음 3cm 길이로 가늘게 채 썬다.

❹ 냄비에 참기름을 두르고 쇠고기와 표고를 넣고 볶다가 쌀을 넣고 충분히 볶아지면 물을 쌀의 3배를 넣고 처음엔 센 불에서 끓이다가 차차 불을 줄여 중불에서 끓인다.

❺ 쌀이 충분히 퍼져서 죽이 잘 어우러지면 소금으로 간을 하고, 간장으로 빛깔을 낸 다음 부드러운 농도로 끓여낸다. 다 익으면 그릇에 담아낸다.

2. 비타민과 미네랄이 풍부한 전복 현미죽

■ 효능
전복은 비타민 B_1과 B_{12}의 함량이 많고 칼슘, 인 등의 미네랄이 풍부하다.

■ 재료
현미 1컵, 쇠고기 40g, 전복 1개, 물 3컵, 참기름 ½큰술, 소금 약간

■ 만드는 법

❶ 현미는 물에 씻어 불려 체에 건져 물기를 뺀 후 그릇에 담는다.

❷ 방망이로 ½ 정도로 부순다. 더 작게 부수면 밥이 풀어진다.

❸ 전복은 씹기 좋은 상태로 자른다.

❹ 냄비에 참기름을 두르고 전복을 넣고 볶다가 쌀을 넣고 충분히 볶아지면 물을 쌀의 3배를 넣고 처음엔 센 불에서 끓이다가 차차 불을 줄여 중불에서 끓인다.

❺ 쌀이 충분히 퍼져서 죽이 잘 어우러지
면 소금으로 간을 하고, 부드러운 농도로 끓
여낸다. 다 익으면 그릇에 담아낸다.

3. 기억력과 집중력에 좋은 호두 현미죽

■ 재료
현미 1컵, 호두 2개, 참기름 ½큰술, 참기름·소금·간장 약간씩, 물 3컵

■ 만드는 법

❶ 쌀은 물에 씻어 불려 체에 건져 물기를 뺀 후 그릇에 담는다.

❷ 방망이로 ½ 정도로 부순다. 더 작게 부수면 밥이 풀어진다.

❸ 호두도 잘게 부순다.

❹ 냄비에 참기름을 두르고 쌀을 넣고 충분히 볶아지면 물을 쌀의 3배를 넣고 처음엔 센 불에서 끓이다가 차차 불을 줄여 중불에서 끓인다..

❺ 눌러 붙지 않도록 나무주걱으로 가끔씩 저어준다.

쌀이 충분히 퍼져서 죽이 잘 어우러지면 소금으로 간을 하면서 부드러운 농도로 끓여낸다. 다 익으면 그릇에 담아낸다.

4. 출출할 때 입맛을 돋우는 현미 누룽지

■ 재료
현미밥 1컵, 물 3컵

■ 만드는 법

❶ 넓은 냄비에 현미밥 한 공기 당 물(밥공기의 ¾)을 붓고 센 불에서 끓이다 기포가 올라오면 밥을 넣고 약한 불에서 가열한다.

❷ 밥이 자연스럽게 풀어지기 시작하면 불세기를 높이고 밥을 넓게 편다.

❸ 눌려진 밥이 조금씩 일어나면 누룽지를 떼어낸다.

❹ 누룽지탕을 만들려면 ❸에 물 2컵을 붓고 센 불로 끓인다.

❺ 숭늉을 만들려면 누룽지를 조금만 넣고 물 5컵을 붓고 센 불로 끓인다.

※ 남은 밥 햇반 만들기 Tip

매번 밥을 하기가 쉽지 않은 사람들은 미리 밥을 많이 해서 밥을 한 공기씩 나눠 랩이나 팩에 담아 밀폐한 뒤 냉동시킨다. 그러나 냉장실에 넣어두면 단백질이 파괴되면서 맛이 없어진다.

필요할 때마다 식구 수만큼 얼은 밥을 꺼내 물을 조금 뿌려주거나 더 맛있게 하려면 정종을 조금 뿌린 다음 전자레인지로 데워 먹으면 원래 맛과 비슷해진다.

5. 영양 만점 쇠고기 현미 덮밥

■ 재료

현미밥 1공기, 쇠고기 80g, 양파 ¼개, 실파 1대, 팽이버섯 ⅓봉, 달걀 1개, 김 ¼장, 다시마 끓인 물 5큰술, 청주 1큰술, 간장 ½작은술, 설탕 ½작은술, 소금 ¼작은술, 조미료 약간

■ 만드는 법

❶ 현미밥 1공기를 준비한다.

❷ 다시마를 삶은 물에 간장 설탕. 청주를 넣어 살짝 끓여 덧밥다시를 만든다.

❸ 쇠고기는 얇고 납작하게 썬다.

❹ 실파(또는 미나리)는 3㎝ 길이로 썰고 대파는 어슷하게 양파도 채썬다.

❺ 달걀은 풀어놓고 김을 살짝 구워 3cm정도로 접어서 채를 썰어 놓는다.

❻ 냄비에 덮밥 간장을 담고 고기 썬 것을 넣고 살짝 끓여 뜬 거품을 걷어내고, 양파, 팽이버섯을 넣고 끓인다.

❼ 풀어놓은 달걀을 넣고 2/3쯤 익히고 불을 끈 다음 실파를 얹는다.

❽ 그릇에 밥을 담고 ❼을 끼얹는다.

6. 간편하게 만들어 먹는 현미 김치볶음밥

■ 재료

현미밥 1공기, 김치 30g, 쇠고기 20g, 양파¼개, 당근1/5개, 소금¼작은술, 깨소금, 후춧가루, 식용유 약간

■ 만드는 법

❶ 현미밥 1공기를 준비한다.

❷ 쇠고기, 당근, 양파는 깍뚝모양으로 잘게 썬다.

❸ 김치는 소를 대충 털어내고 물기를 짠 후에 먹기 좋게 썬다.

❹ 프라이팬에 식용유를 두르고 쇠고기, 김치, 당근, 양파 순으로 볶는다.

❺ 야채가 익었으면 후춧가루, 밥을 넣고 잘 섞어 볶는다.

❻ ❺를 그릇에 담아 통깨나 깨소금을 뿌려준 후 먹는다.

■ 더 맛있게 하려면
김치볶음밥에 카레가루 ½큰술을 뿌려 잘 섞어 볶는다.

7. 입맛이 없을 때 먹는 현미 튀김밥

■ 재료

현미밥 1공기, 참치 ½캔, 당근 1/5개, 양파 1/6개, 감자 ¼개, 빵가루 반컵, 계란 1개, 밀가루 반컵, 튀김기름, 소금·후추 약간

■ 만드는 법

❶ 현미밥 1공기를 준비한다.

❷ 참치를 채에 받쳐 기름을 빼고 약간 으깬 후 소금과 후추로 간한다.

❸ 당근, 양파, 감자 등 여러 야채들을 아주 약간 씹힐 수 있도록 믹서로 갈아준다.

❹ 찬밥과 야채와 참치를 골고루 섞어서 동그랗게 만든 후 밀가루, 계란, 빵가루 순으로 튀김옷으로 입혀준다.

❺ 프라이팬에 기름을 붓고 센 불에 기름이 끓으면 ❸을 튀겨서 건져낸다.

❻ ❺를 그냥 먹어도 좋고, 좋아하는 간장이나 토마토케첩에 찍어 먹는다.

8. 현미 카레밥

■ 재료

현미밥 1공기, 양파 1개, 감자 1개, 당근 ⅓개, 다진 돼지고기 200g, 분말 카레 100g, 물 1컵

■ 만드는 법

❶ 현미밥 1공기를 준비한다.

❷ 양파와 당근은 가능한 얇게 채를 썬다.

❸ 감자는 먹기 좋은 크기로 자른다.

❹ 후라이팬에 식용유를 두르고 돼지고기를 볶으면서 양파와 당근 감자를 넣고 볶아 준다.

❺ ❹에 카레 가루를 넣고 물 1컵을 넣는다.

❻ 다 익으면 밥 위에 카레를 뿌려 먹는다.

9. 우아하게 먹는 현미 샐러드밥

■ 재료

현미밥 1공기, 양상추 100g, 표고버섯 1개, 오렌지 ½개, 딸기 2개, 유자청 1큰술, 검은깨, 발사믹소스 1큰술

■ 만드는 법

❶ 현미밥 1공기를 준비한다.

❷ .발사믹 소스에 유자청을 넣어서 소스를 만들고 표고를 데친다.

❸ 준비된 과일과 양상추를 먹기 좋게 자른다.

❹ 접시에 ❸을 깔고 표고와 현미밥을 올리고 검은깨를 뿌린다. 그 후 기호에 따라 소스를 뿌려 먹는다.

제2장 콩을 이용한 요리

콩은 필수 아미노산이 풍부한 완전 단백질을 가지고 있으며,
혈당 지수를 높이는데 효과가 있다. 특히 포도당의 흡수 속도를
낮추어 당뇨병을 억제하고 혈당 상승을 막는 효능이 있다.

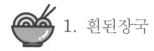 1. 흰된장국

■ 재료

된장 1큰술, 두부 10g, 미역 10g, 실파 1뿌리, 다시마 5 ×5㎝ 1장, 가쓰
오부시 1큰술, 물 2컵, 산초가루·후추가루·조미료 약간

■ 만드는 법

❶ 찬물을 담은 냄비에 손질한 다시마를
넣고 끓으면 가쓰오부시를 넣고 10초 후 불
을 끈 다음 면보에 걸러내어 다시물을 만든
다.

❷ 냄비에 다시물을 넣고 고운체에 된장을
넣고 풀어 콩의 입자를 거른다.

❸ 두부는 사방 1㎝로 썰어 소금을 넣은
물에 살짝 데쳐내고, 건미역을 불려서 2㎝로
자른다.

❹ 실파는 송송 썰어둔다.

❺ 된장국 그릇에 두부와 미역을 담고 8부 정도 국물을 담아 실파를 띄우고 산초가루를 뿌려 뚜껑을 덮어낸다.

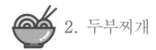 2. 두부찌개

■ 재료

두부 ½모, 호박 1/8개, 표고버섯 1개, 풋고추 ½개, 실파 1뿌리, 마늘 1쪽, 새우젓 1작은술, 멸치육수나 물 2컵, 소금 약간

■ 만드는 방법

❶ 냄비에 물을 붓고 끓인다.

❷ 두부는 흐르는 물에 한 번 씻어 도톰하고 네모나게 썬다.

❸ 호박은 반달 모양으로 도톰하게 썰고 표고는 굵게 채 썬다.

❹ 풋고추는 알팍하게 어슷썰기해 씨를 털어내고, 실파는 짧게 썬다. 마늘은 가늘게 채 썬다.

❺ 새우젓을 넣고 끓여 새우젓 맛이 고루 퍼지면 두부를 넣는다.

❻ 두부가 익어 위로 떠오르면 풋고추
와 실파를 넣고 소금으로 간을 맞추어 잠
깐만 더 끓인 후 불을 끈다.

 3. 순두부찌개

■ 재료

순두부 100g, 팽이버섯 ⅓봉g, 느타리버섯 20g, 배추 1장 또는 청경채 1포기, 양파 ⅓개, 대파 ⅓뿌리, 조개 육수 2컵, 청주 ⅓큰술, 소금 ⅓큰술, 후추 약간

■ 만드는 방법

❶ 느타리버섯은 밑동을 제거하고 가닥가닥 뜯어 흐르는 물에 씻고 청경채는 밑동을 잘라 잎을 떼어낸 후 씻는다.

❷ 양파는 한입 크기로 썰고, 팽이버섯은 지저분한 밑동을 제거하고 살짝 씻는다. 대 파는 굵게 어슷 썬다.

❸ 조개육수에 양파, 청경채, 버섯, 대파, 마늘을 넣고 끓인다.

❹ 순두부를 넣고 끓인다.

❺ 소금, 후추, 청주로 간을 한다.

■ 더 맛있게 하려면
순두부찌개를 맛있게 하려면 돼지고기나 바지락을 넣어 주는 것이 좋다.

 4. 콩비지 뚝배기

■ 재료

비지 100g, 돼지고기 20g, 배추 50g, 대파 1/8대, 다진 마늘 1작은술, 다진 생강 ½작은술, 진간장 1작은술, 참기름 1작은술, 식용유 2작은술, 물 2컵, 후 춧가루 약간

■ 만드는 방법

❶ 돼지고기는 도톰하게 썰어 놓는다.

❷ 배추는 물에 씻어 송송 썬다.

❸ 돼지고기와 배추를 볼에 넣고 다진 마늘과 참기름, 후춧가루를 넣어 무친다.

❹ 뚝배기에 기름을 두르고 돼지고기와 배추김치를 볶다가 물을 넣고 끓인다.

❺ ❹에 새우젓을 넣은 후 고기가 익으 면 비지를 넣고 끓이다 파를 넣고 좀 더 끓인다.

 5. 콩 샐러드

■ 재료

콩 300g, 오이 ¼개, 청·홍피망 ½개씩, 양파 ¼개, 사과 ¼개, 설탕·소금 약간

■ 만드는 법

 ❶ 콩은 불린 후 푹 삶는다.

 ❷ 오이, 청·홍피망, 양파, 사과는 깍 둑썰기 한다.

❸ ❶, ❷재료와 함께 설탕과 소금으로 버무린다.

 6. 콩자반

■ 효능

콩은 '밭에서 나는 고기'라 불릴 정도로 필수 아미노산이 풍부한 완전 단백질 식품이다. 특히 콩 속에 들어 있는 식물성 단백질은 40대 여성들이 걸리기 쉬운 골다공증을 예방하는 데 효과적이다.

■ 재료

밤콩 혹은 검은 콩 ½컵, 설탕 4큰술, 진간장 2큰술, 물 ½컵

■ 만드는 법

❶ 콩은 껍질이 얇은 것을 골라 깨끗이 씻어서 일은 다음 냄비에 넣고 하루 저녁 불려 둔다.

❷ 콩을 냄비에 담아 콩이 잠길 만큼 콩물을 붓고 설탕, 진간장을 분량대로 넣고 약한 불에서 끓인다.

❸ 어느 정도 줄어들면 뚜껑을 열고 불을 줄인 다음 나머지 양념을 넣고 조린다.

❺ 아래 위를 뒤적거려 주고 껍질이 윤기가 날 때까지 계속 조린다.

■ 콩의 표면을 매끄럽게 조리하려면

　조리하기 전에 미리 삶은 후, 그 물에 그대로 하루 담가둔다. 다음날 약한 불에서 은근히 조리면 맛도 좋아지고 부드러워지며 표면이 매끄러워진다.

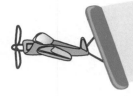

제3장 계란을 이용한 요리

계란은 필수아미노산은 물론 비타민과 미네랄까지 들어 있어
영양 면에서 손색이 없는 완전식품이다. 특히 레시틴은 뇌 활동에
절대적으로 필요한 성분이며, 기억력을 증진시킬 수 있으며
치매를 예방하는 효능이 있다.

1. 간편하게 만들어 먹는 계란밥

■ 재료
현미밥 1공기, 달걀 4개, 실파 2뿌리, 햄 20g , 통깨. 소금 약간

■ 만드는 법

❶ 현미밥 1공기를 준비해 놓는다.

❷ 달걀은 잘 푼다.

❸ 현미밥에 달걀을 섞는다.

❹ 실파는 송송 썰고 햄은 잘게 썬다.
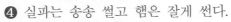

❺ 뚝배기에 물 2컵을 붓고 소금으로 간을 한 후 끓으면 2)의 재료를 넣고 달걀이 익을 때까지 저어준다.

❻ 다 익으면 위에 실파, 햄, 통깨를 뿌려
잠시 후에 꺼낸다.

2. 먹기 쉬운 계란 주먹밥

■ 재료
현미밥 1공기, 달걀 2개, 깨소금, 소금, 참기름

■ 만드는 법

❶ 현미밥 1공기를 준비한다.

❷ 현미밥에 깨소금과 소금, 참기름을 넣어 잘 섞는다.

❸ 달걀은 삶아서 노른자를 고운 체에 내린다.

❹ ❷의 밥을 적당하게 한주먹 크기로 동그랗게 만들거나 삼각형으로 모양을 잡아 만든다.

❺ ❷의 주먹밥을 노란 달걀가루에 경단 만들 듯이 굴린다.

❻ 접시에 담는다.

3. 맛있는 계란말이 볶음밥

■ 재료

밥 1공기, 오이 ⅛개, 표고버섯 1장, 당근 1/5개, 쇠고기 30g, 양파⅛개, 달걀 2개, 깻잎 2장, 참기름 ½작은술, 깨소금 ½작은술, 식용유 1큰술

■ 만드는 법

❶ 밥 1공기를 준비해 놓는다.

❷ 오이, 표고버섯, 당근, 쇠고기, 양파를 곱게 다져 팬에 식용유를 두르고 볶는다.

❸ ❷의 재료에 찬밥을 넣고 볶다가 소금, 후추로 간을 하고 나중에 깨소금, 참기름을 넣고 잘 혼합해서 식힌다.

❹ 달걀은 소금을 넣고 잘 풀어서 사각
팬에 약간 도톰하게 지단을 부친다.

❺ ❹의 지단에 볶아 놓은 밥을 놓고 김
밥 말듯이 말아 썰어 놓는다.

4. 출출할 때 먹는 계란 샌드위치

■ 재료
식빵 6개, 계란 3개, 오이 1개, 모닝버터 2큰술, 마요네즈 3큰술, 소금 약간

■ 만드는 법

❶ 오이는 소금으로 문질러 깨끗이 씻은 후 0.2~0.3cm두께로 얇고 동그랗게 썬다.

❷ 동그랗게 썬 것을 그릇에 담고 소금을 뿌려 고루 섞은 후 10분 정도 절인다.

❸ 냄비에 계란과 소금을 약간 넣고 12-15분 (완숙으로) 삶은 후 찬물에 헹궈 껍질을 깐다.

❹ 오이가 살짝 절여 물기를 꼭 짜고 볼에 담는다.

❺ 계란은 껍질을 까서 흰자를 먼저 잘게 썰고 노른자를 잘게 부순 후 절인 오이와 섞는다.

❻ ❺에 마요네즈를 넣어 버무리고 소금으로 간한다.

❼ 빵 한 면에 모닝버터를 바르고 오이, 계란 버무린 것을 얹고, 햄을 얹고 빵을 덮고 자른다.

5. 입맛이 없을 때 먹는 스크럼블 에그

■ 재료
계란 1개, 버터 1큰술, 우유 2큰술, 소금·흰후춧가루·식용유 약간씩

■ 만드는 법

❶ 계란은 흰자와 노른자가 고루 섞이도록 잘 풀어놓는다.

❷ 계란물에 우유를 붓고 소금과 후춧가루로 간을 한다.

❸ 프라이팬에 버터를 녹인다.

❹ 프라이팬에❷를 한꺼번에 붓고 젓가락으로 계속 저어가면서 볶듯이 익힌다. 달걀이 몽글몽글하게 덩어리가 지기 시작하면 바로 불에서 내린다.

■ 더 맛있게 하려면
우유대신 치즈를 다져 넣어도 좋다.

6. 영양 가득한 치즈 오믈렛

■ 재료

달걀 3개, 치즈 1장, 버터 1작은술, 식용유 1작은술, 생크림 또는 우유 1작은술, 소금·흰후추 약간

■ 만드는 법

❶ 치즈를 0.5cm 정도의 크기로 다진다.

❷ 그릇에 달걀을 풀어서 소금과 흰후추 약간과 크림을 넣고 저어서 체에 거른다.

❸ 프라이팬에 버터를 1조각 넣고 달걀을 부어 젓가락으로 저어서 스크램블 에그가 되도록 중간 정도 익힌 후 치즈를 중간에 넣는다.

❹ 프라이팬의 모서리 부분과 주걱을 이용하여 럭비공 모양의 타원형으로 빠르게 말아 나간다. 표면은 매끄럽게 익히고 속은 덜 익은 상태로 만든다.

■ 더 맛있게 하려면

1. 오믈렛에 피클이나 토마토, 햄, 베이컨, 소시지, 감자 등을 곁들여 내면 좋다.

2. 겉 표면과 속이 부드럽게 익어야 한다.

3. 달걀이 팬에 달라붙지 않도록 식용유로 팬 코팅을 잘해 놓는다. 온도가 높으면 오믈렛 표면이 눌어붙으므로 불 조절에 유의한다.

7. 빠르게 만드는 고소한 계란찜

■ 재료

계란 3개, 새우젓 1작은술, 물 또는 우유 1컵, 파·마늘·깨·참기름·고춧가루·
소금 약간

■ 만드는 법

❶ 뚝배기에 물을 1/3을 넣고 끓인다.

❷ 그릇에 계란을 풀고 소금, 참기름,
깨, 고춧가루, 파는 잘게 썰은 것을 넣는
다.

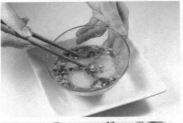

❸ 뚝배기에 물의 양만큼 계란을 저으
면서 넣어 준다.

❹ 바로 가스 불을 제일 약하게 줄이고
기다리면 익은 냄새와 함께 김이 모락모
락 난다.

❺ 가스 불을 완전히 끄고 일분정도 기다렸다 꺼낸다.

8. 한 가지 반찬으로 충분한 계란말이

■ 재료

계란 4개, 당근 60g, 시금치 60g, 멸치국물 2큰술, 설탕 ½작은술, 소금 1작은술, 참기름 1큰술

■ 만드는 법

❶ 달걀에 멸치국물, 설탕, 소금을 넣고 잘 저어 혼합하여 놓는다.

❷ 당근은 5cm 길이로 채 썰어서 프라이팬에 식용유를 두르고 볶으면서 소금으로 간을 하여 차게 식힌다.

❸ 시금치는 끓는 물에 데쳐내어 냉수에 헹군 다음 물기가 없도록 한 다음 소금을 넣고 무친다.

❹ 사각 프라이팬에 식용유를 두르고 달구어지면 ❶의 달걀을 넣고 ½정도 익힌다.

❺ 한쪽에 당근 볶은 것과 시금치를 놓고 달걀을 접어가며 돌돌 말아 익힌 다.

❻ 김발로 싸서 모양을 낸 후 식으면 8등분으로 썰어낸다.

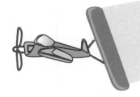

제4장 생선을 이용한 요리

생선에 들어 있는 DHA와 EPA는 인체의 노화를 막아 젊음을
유지시켜 주며, 특히 두뇌 발달과 지능을 좋게 하는 DHA가
풍부하게 들어 있어 치매예방 효능이 있다.

1. 참치 샌드위치

■ 재료

식빵4개, 참치 60g, 사과 30g, 오이 ⅛개, 양파 ⅛개, 마요네즈 3큰술, 머스터트 1큰술, 소금, 후추

✹ 장식용 재료 : 방울토마토 2개, 파슬리 1줄기

■ 만드는 법

❶ 참치를 체에 받쳐서 기름기를 제거한다.

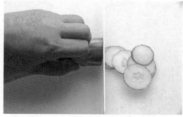

❷ 오이와 양파를 채 썰어 소금에 절여다가 물기를 짠다.

❸ 사과도 ❷와 같이 채 썬다.

❹ 위 재료에 마요네즈, 머스터드, 소금, 후추를 넣어 양념한다.

❺ 식빵에 ❹의 재료를 넣은 후 식빵으로 덮어 먹기 좋게 썬다.

 2. 동태찌개

■ 재료

동태 1마리, 무 1/8개, 호박 /8개, 풋고추 ½개, 홍고추 ½개, 소금 약간, 고춧
가루 1작은술, 고추장 1큰술, 물 2컵, 마늘 1쪽, 두부 ¼모, 실파 1뿌리, 쑥갓
10g

■ 만드는 법

❶ 마늘, 생강은 다진다.

❷ 동태는 지느러미를 떼고 손질하여 4~5cm 길이로 자르고 내장은 먹
는 부분만 골라 깨끗이 손질하여 놓는다.

❸ 무, 호박, 두부는 편으로 썰고, 고추
는 어슷하게 썬다.

❹ 실파는 길게 썰고 쑥갓은 손으로 짧게 끊어 놓는다.

❺ 냄비에 물을 붓고 끓으면 고추장을 풀고 소금으로 간을 맞추고 무를
넣어 끓인다.

❻ 무가 반쯤 익으면 생선을 넣고 한소끔 끓으면 호박을 넣고 고춧가루를 넣어 다시 끓어오르면 조금 후에 두부와 고추, 마늘, 생강을 넣는다.

❼ 거품을 걷어내고 생선 맛이 잘 우러나면 실파와 쑥갓을 넣고 불을 끈 다음 잠시 후 살며시 떠 담는다.

❽ 그릇의 가운데에 생선을 넣고 주변에 두부, 무, 호박을 가지런히 놓고 청. 홍고추, 실파, 쑥갓을 보기 좋게 담아낸다.

＊ 생선찌개를 맛있게 하는 방법

❶ 더 맛있게 하려면

1. 생선살이 덜 부서지게 하기 위해 국물에 소금을 간한 다음 생선을 넣어 끓이면 생선살이 단단해져 덜 부서진다.

2. 무는 반드시 익혀야 하고 다른 야채는 너무 무르지 않게 한다.

3. 푸른 색 채소는 색이 파랗도록 익혀야 한다.

4. 국물과 건더기의 양은 국물이 2, 건더기가 3의 양으로 자작하게 담는다.

5. 국물을 끓일 때 떠오르는 거품은 냉수에 숟가락을 씻어 가면서 거두어야 국물이 맑고 맛있게 끓여진다.

❷ 고추장찌개는 고춧가루로 매운맛을 조절한다

고추장찌개는 얼큰하면서 매콤해야 한다. 그런데 매운맛을 잘 내려고 고추장을 듬뿍 풀면 고추장 맛이 너무 진해져 재료로 무엇을 넣었는지 제대로 느끼기가 어렵다. 고추장은 간이 맞을 정도로만 적당히 풀고, 고춧가루로 매운맛을 조절해야 건더기의 맛도 살리면서 국물 맛도 얼큰하게 끓일 수 있다.

❸ 매운탕을 끓이기 적당한 생선

찌갯거리로 많이 쓰이는 생선은 대구, 동태, 민어, 병어, 우럭 등 살이 단단하고 비린내가 나지 않는 흰살 생선 너무 작은 것은 아무래도 살이 오르지 않아 담백한 맛이 제대로 나지 않으니 어느 정도 큼직한 것을 써야 감칠맛이 잘 우러난다. 내장은 무조건 버릴 것이 아니라 쓴맛이 우러나는 쓸개만 골라내고 알, 곤이 등 먹을 수 있는 내장은 함께 넣어야 맛이 더 잘 우러난다. 생선뼈와 머리도 반드시 함께 넣어야 한다. 해물류는 어떤 것이든 찌갯거리로 쓸 수 있는데, 주의할 것은 손질을 깨끗이 해야 국물 맛이 깔끔해진다.

❹ 생선은 끓는 물을 끼얹어 손질한다.

생선은 아무리 깨끗이 손질한다 해도 자잘한 비늘이나 잡티 등이 붙어 있게 마련이다. 끓이기 전에 미리 팔팔 끓는 물을 살짝 끼얹어 손질하자. 잡티가 말끔히 없어져 국물이 깜끔해지며 비린내가 가시는 효과도 볼 수 있다.

❺ 국물이 끓은 후에 생선을 넣는다.

생선으로 매운탕을 끓일 때 살이 풀어지지 않게 하려면 미리 생선의 살 부분에 소금 간을 살짝 해 살이 단단해지도록 손질한 후 팔팔 끓는 국물에 넣어야 한다. 끓이는 중간에 숟가락으로 젓거나 불을 너무 세게 해도 생선살이 부서지니 주의한다. 단 , 생선일은 찬물에 처음부터 넣고 끓여야 특유의 감칠맛이 서서히 잘 우러나고 오돌오돌 씹히는 맛도 잘 살아난다. 이미 끓고 있는 국물에 알을 넣으면 알주머니가 터지기 때문에 국물은 지저분해지면서 속은 제대로 익지 않아 표면은 단단하고 속은 물컹거린다.

❻ 처음에는 뚜껑을 열고 끓인다.

생선의 비린내는 공기 중에 쉽게 날아가므로 처음에는 센 불에 뚜껑을 연 채 끓이다가 국물이 끓어올라 생선살이 하얗게 변하면서 익기 시작할 때 뚜껑을 덮으면 비린내가 적게 난다. 많은 양을 끓일 때는 생선을 한꺼번에 넣지 말고 몇 토막만 넣은 후 국물이 끓으면 다시 몇 토막을 넣는 식으로 몇 차례 나누어 넣어야 한다. 많은 양을 한꺼번에 넣으면 국물의 온도가 갑자기 내려가서 비린내가 난다.

3. 고등어 김치찌개

■ 재료

고등어 1마리, 배추김치 ¼포기, 물 3컵, 대파 ½개, 양파 ½개, 풋고추 1개, 홍고추 1개

✳ 양념

고추장 1큰술, 고춧가루 ½큰술, 다진 마늘 ½큰술, 생강 ¼개, 소금·후추·식용유 약간

■ 만드는 법

❶ 고등어는 손질하여 5cm크기로 자른다.

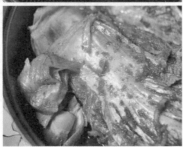

❷ 김치는 먹기 좋게 자른다.

❸ 대파와 풋고추, 홍고추는 어슷 썰고, 양파는 채 썬다. 생강은 다진다.

❹ 후라이팬에 김치를 넣고 식용유를 넣고 볶다가, 김치가 익으면 물을 넣고, 국간장과 고등어, 고춧가루, 고추장을 넣고 끓인다.

❺ 풋고추와 홍고추, 대파, 다진 마늘, 다진 생강, 후추를 넣고 한소끔 끓인다.

 4. 삼치 소금구이

■ 재료

삼치 ½마리, 밀가루 3큰술, 상추 1잎, 소금 ½작은술, 레몬 1/10개, 식용유 2큰술

■ 만드는 법

❶ 삼치는 배를 갈라서 내장을 뺀 다음 두 쪽으로 갈라 씻어 물기를 닦고 껍질 쪽에 칼집을 넣고 소금을 뿌려 둔다.

❷ 삼치는 밀가루를 묻혀 후라이팬에 기름을 두르고 배쪽부터 충분히 굽고 뒤집어 등쪽을 마저 익힌다.

❸ 삼치가 노릇하게 구워지면 접시에 상추잎을 깔고 삼치를 담고 레몬을 곁들인다.

* 생선구이를 맛있게 하는 방법

❶ 생선 간하는 방법

생선구이는 소금 간을 언제 하느냐가 맛을 좌우할 수 있다. 생선을 통째로 구울 때는 소금을 뿌리고 30분쯤 둔다. 그런 다음 굽기 직전에 물에 한 번 씻고 다시 소금을 조금 뿌려 굽는다. 단, 칼집을 낸 생선은 굽기 10분 전에 뿌리면 간이 알맞게 밴다. 생선에 소금을 뿌리는 데는 요령이 필요하다. 소쿠리에 생선을 놓고 소금을 흩뿌린 후 비스듬히 놓아 생선에서 나오는 소금물이 밑으로 흘러내리게 한다. 그래야 간도 잘 배고 비린내도 없어진다.

❷ 생선 굽는 법

1. 껍질을 타지 않게 하려면 석쇠에 배 쪽을 먼저 올려놓고 충분히 익힌 다음 석쇠를 뒤집어 나머지를 굽는다.

2. 생선구이는 불길이 생선에 직접 닿도록 구워야 재료자체의 풍미를 즐길 수 있다. 프라이팬에 구우면 겉만 빨리 익고 속맛이 깊지 않다.

3. 구울 때 생선 껍질이 수축하거나 공기가 들어가 쭈글거리면 맛없어 보인다. 따라서 최대한 원래의 형태를 유지하여 구우려면 생선 껍질 몇 군데를 포크로 꼭꼭 찍어 구멍을 낸다. 이렇게 하면 불기운이 고루 통하기 때문에 껍질이 수축하여 벗겨지거나 살이 흐트러지는 것을 막을 수 있다.

4. 생선을 곱게 잘 굽는 비결은 먼저 석쇠를 뜨겁게 달군 다음 생선을 굽는 것이다. 그리고 굽기 전에 식초를 조금 발라서 구으면 석쇠에 생선이 달라붙지 않는다. 이것은 식초가 석쇠의 금속과 생선의 단백질 사이의 반응력을 끊어주는 역할을 하기 때문이다.

등푸른 생선(붉은살 생선)	흰살 생선
바싹 굽는다	살짝 굽는다
생선은 불길이 닿도록 바싹 구워야 풍미가 있다.	너무 바싹 구우면 살이 단단해져서 맛이 없다.
껍질 쪽부터 굽는다	살 부분부터 굽는다
고등어, 꽁치	가자미, 도미, 옥돔, 갈치

❸ 생선을 냉동 보관법

냉동의 경우, 특히 물기를 잘 닦아야 한다. 물기를 종이타올 등으로 잘 닦은 후, 랩에 싸고 다시 폴리백에 넣어 냉동한다.

❹ 도마의 생선비린내 제거

생선 비린내 제거에는 레몬과 생강이 좋다. 손이나 칼, 도마에서 냄새가 날 때 레몬이나 귤, 생강즙으로 닦으면 좋지 않은 냄새를 모두 없앨 수 있다.

생선을 익힌 냄비에 밴 비린내는 차 찌꺼기와 물을 함께 넣어 약 10분간 끓이면 없어진다. 그리고 물에 약간의 술을 풀어 헹구어도 비린내가 사라진다. 또 생선을 구운 판은 뜨거울 때 식초를 떨어뜨려 씻으면 비린내를 쉽게 제거할 수 있다.

5. 연어 버터구이

■ 재료

연어 100g, 다진 양파 3큰술, 다진 마늘 1작은술, 다진 토마토 2큰술, 소금 1작은술, 후춧가루 ½작은술, 레몬 1/8개분, 백포도주 2큰술, 버터 1큰술

■ 만드는 법

❶ 연어는 깨끗이 씻어서 프라이팬에 버터를 넣고 구워준다.

❷ 냄비나 프라이팬에 마늘과 양파를 볶은 다음 백포도주를 넣고 졸인다.

❸ 토마토를 넣고 레몬즙을 짜서 넣어 준다.
❹ 생선 위에 보기 좋게 끼얹어준다.

6. 멸치 꽈리고추조림

■ 재료

멸치 100g, 간장 3큰술, 설탕 2큰술, 물엿 2큰술, 물 3큰술, 다진 마늘 1큰
술, 꽈리고추 20개, 통깨 1작은술, 참기름 약간

■ 만드는 법

❶ 멸치는 채에 담아 흔들어서 부스러기와 잡티를 털어낸다.

❷ 큰 것은 머리를 떼고 반 갈라서 내
장을 제거한다.

❸ 꽈리고추는 꼭지를 따고 깨끗이 씻
어서 큰 것은 길이로 반 자른다.

❹ 냄비에 간장, 물엿, 다진 마늘, 물을
붓고 끓으면 멸치를 넣고 조리다 거의 조
려지면 마지막에 참기름을 넣어 버무린
다.

❺ 그릇에 담고 통깨를 뿌려 섞어 낸다.

■ 멸치를 촉촉하고 바삭하게 잘 볶으려면
멸치를 촉촉하고 바삭하게 잘 볶으려면 반드시 양념장을 따로 끓여야 한다.

■ 멸치조림을 윤기 나게 만들려면
　양념장을 팔팔 끓여서 수분을 완전히 날린 후 끈기가 생겼을 때 볶은 멸치를
넣고 다시 볶아야 멸치가 퍼지지 않고 윤기가 나며 바삭하다. 멸치는 식으면
좀 더 딱딱해지므로 만든 직후 바로 먹어보았을 때 부드러운 편이 좋다.

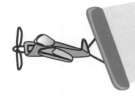

제5장 채소를 이용한 요리

채소는 뼈의 칼슘과 효소의 구성 성분인 마그네슘 등의
좋은 공급원이기도 하다. 또한 섬유소의 함량이 많아 장운동을
활성화시켜 변비를 예방해 주며 포도당과 콜레스테롤의 흡수를
저하시키는 역할을 한다.

 1. 가지 나물

■ 효능

여름에서 가을에 많이 나는 가지는 수분이 95%나 되며 비타민 C가 약간 들어 있고 극히 적은 양의 비타민 A가 있을 뿐 영양면에서 내세울 만한 게 없다. 하지만 비타민 C가 많은 채소와 함께 조리하면 비타민 C의 흡수율을 높이고, 기름을 잘 흡수하기 때문에 튀김요리에 가장 알맞은 식품이기도 하다.

■ 재료

가지 1개, 소금약간

무침양념 붉은 고추 ½개, 간장 1작은술, 다진 파 1작은술, 다진 마늘 ½작은술, 소금 1작은술, 깨소금 약간, 참기름 약간

■ 만드는 법

❶ 가지는 색이 짙고 윤이 나며 흠집 없는 것으로 준비해 깨끗이 씻은 다음 4등분으로 가른다.

❸ 김이 오른 찜통에 손질한 가지를 얹고 소금을 조금 뿌려 잠깐 찐다. 너무 오래 찌면 죽처럼 물컹해져서 무치기 힘들다.

❹ 찐 가지가 식으면 손으로 굵직하게 찢고 물기를 꼭 짠다.

물기를 짠 가지에 간장과 다진 파·마늘,
잘게 썬 붉은 고추를 넣어 조물조물 무친
다음 소금으로 간을 맞춘다.

❺ 마지막에 깨소금과 참기름을 넣고 가볍게 무쳐 고소한 맛을 더한다.

 2. 시금치 샌드위치

■ 효능
시금치는 빈혈, 소화불량에 좋으며 가뿐한 아침을 위한 변비해소에도 좋고 빵과 치즈를 곁들여 입맛 없는 아침에 식사로 좋다.

■ 재료
시금치 300g, 식빵 1개, 치즈 1장, 양파 $\frac{1}{2}$개, 빨강 파프리카 $\frac{1}{2}$개, 노랑 파프리카 $\frac{1}{2}$개

■ 만드는 법

❶ 식빵은 버터 없이 토스트를 한다. 시금치는 찬물에 담근 후 물기를 제거한다.

❷ 하고 정사각형으로 자른다.

❸ 양파, 파프리카는 얇게 슬라이스 한
다.

❹ 그릇에 보기 좋게 담고 치즈를 올린 후 요구르트를 끼얹는다.

3. 호박 고구마 샐러드

■ 효능

고구마는 암 예방에 좋고 감자보다 당 지수가 낮아 다이어트에도 좋다.

단호박은 장에 좋아 여름내 지친 장 기능을 활성화해 원기를 보충하는데 효과적이다. 장이 좋아지면 부기가 빠지고 피부가 예뻐진다. 특히 옐로 푸드에 많은 비타민 C가 면역력을 높여준다.

■ 재료

고구마 2개, 마요네즈 4큰술, 건포도 4큰술, 삶은 옥수수 4큰술, 삶은 노른자 2개, 단호박 ¼개

■ 만드는 법

❶ 고구마와 단호박은 푹 삶는다.

❷ 고구마와 단호박은 푹 삶은 후 뜨거울 때 으깬다.

❸ ❶에 삶은 옥수수, 건포도, 마요네즈, 으깬 노른자를 섞어 간을 한다.

❹ 그릇에 예쁘게 담아 낸다.

4. 새싹 채소 샐러드

■ 효능

브로콜리싹 : 암예방

순무싹 : 간염, 황달 개선,

무싹 : 열 낮추고 부기 가라앉힘,

적무싹 : 소화를 도움

알팔파싹 : 배변과 피부 미용을 도움

배추싹 : 위에 좋고 변비 개선

양배추싹 : 노화, 암 예방하는 셀레늄 함유

다채싹 : 야맹증 예방

겨자싹 : 카로틴, 칼슘, 철분 함유

■ 재료

돼지고기 70g, 새싹 50g, 깻잎 1묶음

■ 만드는 법

❶ 돼지고기는 곱게 다지고 후라이팬에 익히면서 간장소스로 양념하여 익혀낸다.

❷ 깻잎은 모양낸다.

❸ 쇠고기, 새싹순으로 올린다. 접시에
모양내어 담는다.

5. 부추 차돌박이 무침

■ 효능

부추, 깻잎 등 신선한 채소에는 건강유지에 도움을 주는 무기질들이 많이 함유되어 있으며, 비타민A, C도 풍부한 건강 채소이다.

■ 재료

차돌박이 50g, 양상추 50g, 영양부추 20g, 깻잎 10g, 무순 10g, 적채(보라색 양배추) 5g, 쌈장 2큰술

■ 만드는 법

❶ 차돌박이는 소금, 후추로 간을 하여 달군 팬에 굽는다.

❷ 양상추는 손으로 뜯어서 찬물에 담가 두었다가 물기를 뺀다.

❸ 영양부추는 길이로 썰어주고 깻잎은 4등분 한다.

❹ 적채는 가늘게 채 썰어주고 찬물에 담갔다가 건져둔다.

❺ 무순은 씻어서 건져놓는다.

❻ 볼에 채소를 담고 차돌박이를 돌려 담은 다음 쌈장과 함께 낸다.

6. 야채 샐러드

■ 재료

당근 ¼개, 오이 ¼개, 양파 ¼개, 캔옥수수 100g, 강낭콩 100g, 머스터드 1큰술, 마요네즈 3큰술, 타르트 5개

■ 만드는 법

❶ 캔옥수수는 물기를 빼서 준비한다.

❷ 강낭콩은 끓는 물에 살짝 삶는다.

❸ 당근, 오이, 양파는 얇게 네모지게 썰어서 강낭콩과 섞는다.

❹ 모든 재료를 머스터드, 마요네즈 (1:3)에 버무린 후 타르트 틀에 담아낸다. 타르트 대신에 상추나 깻잎을 대신해도 좋다.

 7. 콩나물 무침

■ 효능

비타민, 무기질, 단백질이 풍부하여 특히 비타민 C가 많이 함유되어 있고 섬유소가 많아 장의 작용을 돕고 성인병 예방에도 효과가 있다.

■ 재료

콩나물 150g, 소금 ½작은술, 다진 파·다진 마늘 1작은술씩, 깨소금 1작은술, 참기름 1작은술

■ 만드는 법

❶ 콩나물은 지저분한 꼬리를 떼고 찬물에 흔들어 씻어 냄비에 담는다.

❷ 냄비에 콩나물이 반쯤 잠길 정도로만 물을 부어 뚜껑을 덮고 센 불에 삶는다.

❸ 콩 익는 냄새가 구수하게 나면 불을 끄고 잠시 뜸을 들인 후 체에 쏟아 물기를 빼고 넓은 그릇에 펼쳐서 그대로 식힌다. 콩나물을 삶은 후에 물에 헹구면 구수한 맛이 없어진다.

❹ 삶은 콩나물에 소금, 파, 마늘, 깨소금, 참기름을 넣어 가볍게 섞는 기분으로 조물조물 무친다.

 8. 양배추국

■ 재료

양배추 2잎, 모시조개 1봉, 실파 1뿌리, 된장 1큰술, 다진 마늘 1작은술, 소금 ½큰술, 멸치 10마리, 다시마 5cm, 물 3컵

■ 만드는 법

❶ 냄비에 물을 넣고 멸치와 다시마를 넣고 끓여서 육수 국물을 낸다.

❷ 그릇에 바지락을 넣고 소금을 넣어 불순물을 제거시킨다.

❸ 양배추는 겉잎부터 한 장씩 떼어 두꺼운 줄기부분은 도려내고, 세로 5cm 길이로 썰고, 실파는 3cm 크기로 썬다.

❹ 냄비에 ❶의 육수를 넣고 된장을 체에 걸어 풀고, 양배추, 모시조개, 다진 마늘을 넣어 끓인다.

❺ 양배추가 부드러워질 때까지 끓인
다.

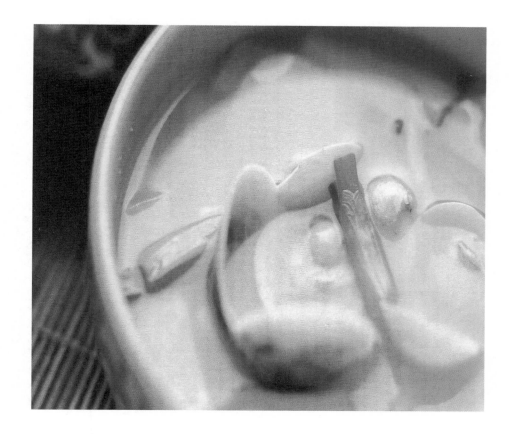

 9. 냉이 나물

■ 효능

냉이에는 특히 비타민 A가 풍부하다. 베타카로틴이라는 전구체로 존재하다 체내에서 비타민 A로 바뀌는데, 하루에 냉이 100g만 먹으면 하루 섭취량의 $\frac{4}{5}$을 섭취할 수 있을 정도로 풍부하게 함유되어 있다.

■ 재료

냉이 100g, 양념장 고추장 $\frac{1}{2}$큰술, 설탕 1작은술, 다진 파 1큰술, 다진 마늘 $1\frac{1}{2}$큰술, 참기름 1작은술, 깨소금 1작은술

■ 만드는 법

❶ 냉이를 다듬어 깨끗이 씻는다.

❷ 냉이를 끓는 물에 데쳐서 찬물에 헹군 다음 물기를 꼭 짠 후 적당한 크기로 자른다.

❸ 양념장 재료를 잘 섞어 양념장을 만든다.

❹ 썰어놓은 냉이에 양념장을 얹어 그
릇에 담아낸다.

■ 더 맛있게 하려면
물기를 꼭 짜서 양념장에 무쳐야 냉이가 신선하다.
냉이 대신 씀바귀를 사용해도 좋다.

10. 오이 겉절이

■ 효능

오이는 칼륨 함량(14mg)이 높아 알칼리성 식품이다. 이 칼륨은 인체의 구성물질로 약 0.35% 가량 들어 있는데 칼륨을 많이 먹게 되면 체내의 나트륨염(소금)을 많이 배설하게 되어 체내의 노폐물이 나가게 되어 몸이 맑게 된다. 오이는 이뇨의 효과가 있을 뿐 아니라 위병에도 좋다고 한다.

■ 재료

오이 1개, 부추 50g, 소금 1작은술, 굵은 소금 약간

❋ 겉절이 양념

고춧가루 1큰술, 멸치액젓 1큰술, 다진 파 ½큰술, 다진 마늘·생강즙·간장·설탕·식초 1작은술씩

■ 만드는 법

❶ 오이는 굵은 소금으로 문질러 씻는다.

❷ 오이를 반으로 갈라 어슷 썬 다음 소금을 뿌려 씻은 뒤 물기를 없앤다.

❸ 부추는 깨끗이 다듬어 씻은 후 4cm 길이로 썬다.

❹ 고춧가루, 멸치액젓, 다진 파·마늘, 생강즙, 간장, 설탕, 식초를 섞어 겉절이 양념을 만든다.

❺ 썰어둔 부추와 절인 오이를 양념에 버무린다.

제6장 해초를 이용한 요리

해초류는 칼슘과 비타민 등 몸에 좋은 다양한 성분이
함유되어 있을 뿐만 아니라 피를 맑게 해주고 빈혈,
성인병, 고혈압 등 질병을 예방하는 효능이 있다.

 1. 미역 냉국

■ 재료

마른 미역 불린 것 1컵, 오이 ½개. 다진 마늘 1작은술, 간장 1작은술, 고춧가루 1작은술, 참기름 ½작은술, 깨소금 ½작은술, 다시마 10cm, 물 2컵, 간장 1큰술, 설탕 1큰술, 식초 1큰술, 얼음 4개, 홍고추 ½개

■ 만드는 법

❶ 마른 미역은 물에 넣어 30분 정도 불린 다음 살짝 데쳐 짧게 썰어 놓는다.

❷ 오이는 채를 썬다.

❸ 멸치는 분량의 물을 붓고 팔팔 끓여 국물이 우러나면 건져 내고 식힌 다음 간장, 식초, 설탕으로 간을 맞추어 차게 둔다.

❹ 썰은 미역은 간장, 마늘, 고춧가루, 깨소금, 참기름을 넣어 고루 무친다.

❺ ❹을 그릇에 담고 어슷 썬 오이를 얹은 뒤 차게 식혀 둔 국물을 붓고 얼음을 띄운 후 청고추와 홍고추를 썰어서 올린다.

 2. 해초 샐러드

■ 재료
해초 돌 가사리 청색, 홍색 각 5g씩. 진 두발 황색 5g, 오이 20g, 무순 약간, 초고추장 3큰술

■ 만드는 법

❶ 돌 가사리와 진 두발은 각각 소금물에 담가 불린 다음 체에 밭쳐 물기를 빼준다.

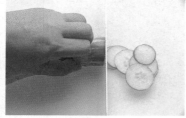

❷ 오이는 씻어 얇게 썬다.

❸ 접시에 해초를 담고 오이와 무순으로 마무리 한 후 초고추장을 곁들여 낸다.

 3. 미역국

■ 효능

미역에는 우유에 비하여 10배 이상의 칼슘이 들어 있기 때문에 피를 깨끗하게 해주고, 다시마는 비타민이 풍부하며, 혈압을 내리게 하는 효능이 있다. 그리고 미역에는 알긴산과 라미난이 들어 있어 정혈작용을 하며, 혈압을 내려 주는 작용을 한다.

■ 재료

쇠고기국물 2컵, 미역 1/10줄기, 쇠고기(양지머리) 50g, 다진 마늘 ½작은술

■ 만드는 법

❶ 냄비에 쇠고기 국물을 넣고 끓인다.

❷ 쇠고기와 미역을 적당한 크기로 잘라 넣는다.

❸ 미역국이 끓으면 다진 마늘을 넣고 끓인다.

❹ 그릇에 담아낸다.

 4. 미역 야채쌈

■ 재료
생미역 100g, 깻잎 5장, 오이 ½개. 무순 10g

✹ 고기볶음
다진 고기 50g, 간장 ½작은술, 설탕 ¼작은술, 파 ¼개, 마늘 1개, 깨소금·후추·참기름·식용유 약간

✹ 쌈장
시중에 판매되는 쌈장

■ 만드는 법

❶ 생미역은 억센 줄기만 다듬어 내고 깨끗이 씻어 끓는 물에 살짝 데친 후 찬물에 헹구어 물기를 뺀 후 다진다.

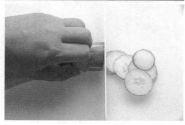

❷ 상추는 한 잎씩 떼어 깨끗이 씻고, 당근, 오이, 무는 0.5cm폭으로 얇게
오이는 씻어 얇게 썬다. 무순은 물에 담가 싱싱하게 해둔다.

❸ 다진 고기는 양념을 넣고 무쳐서 프라이팬에 기름을 두르고 볶는 다음 다진 미역을 넣고 볶는다.

❹ 깻잎에 오이를 깔고 ❸의 재료를 1큰술씩 넣고 무순을 올린다.

❺ 접시에 담아내고 쌈장을 곁들여 먹는다.

부 록

1. 치매환자 관리

치매를 진단받은 노인은 치매 유형이나 치매 진행 정도에 따라 다양한 증상과 능력을 가지고 있다. 따라서 치매노인의 상태에 따라 간호를 해야 한다.

1) 치매노인의 환경을 안전하게 해야 한다

건강한 사람은 환경에서 오는 위험을 판단하고 적절한 예방을 할 수 있으나, 치매노인은 판단력과 기억력이 점차 저하되어 환경에 대한 자기 보호능력이 떨어져 있다. 따라서 간호인은 치매노인의 능력에 따라 주변의 위험요인들은 제거해야 한다. 예를 들어 칼이나 날카로운 것들이 있으면 자해를 하거나 간호하는 사람에게 위해를 줄 수 있다.

이외에도 전선, 열쇠, 다리미, 망치, 칼, 성냥, 세제, 비닐봉지(질식) 등은 모두 노인에게는 위험한 물건일 수 있다. 약은 노인의 손이 닿지 않는 곳에 두고 잠그는 것이 좋다. 그리고 계단의 낙상을 예방하도록 해야 하며, 화장실 변기와 목욕통 주변에는 손잡이를 설치하는 것이 좋다.

특히 배회행동이 심한 노인에게는 바깥으로 나가지 못하게 해야 하며, 만일의 경우를 대비하여 노인의 이름과 연락처가 적힌 명찰을 옷에 붙이거나 연락처를 적은 팔찌를 착용하도록 해야 한다.

2) 치매노인의 문제행동에 적절하게 대응해야 한다

치매노인에게서 이상행동이나 공격행동이 나타날 수 있는데, 간호인은 치매노인의 문제행동을 예방하거나 대처하는 방법을 알고 간호를 하면 문제행동을 감소시킬 수 있다. 예를 들어 화장실을 잘 찾지 못하면 항상 화장실 문을 열어놓거나, 배뇨와 배변을 규칙적으로 할 수 있도록 평소 습관을 살펴서 일정한 시간에 할 수 있도록 도와주는 것이다.

실금을 하면 실금을 줄이는 방법들을 사용해 보고 도저히 안 될 때만 기저귀를 사용한다. 피부에 변이 묻어 있으면 피부가 상하기 쉬우므로 잘 씻어주어야한다.

3) 노인의 남아 있는 능력을 활용하도록 한다

치매노인의 능력은 계속 감소하지만, 가능한 남은 능력을 자주 사용하게 함으로써 능력의 감소를 늦출 수 있다. 그러나 무조건 강요하거나 억지로 시키면 오히려 환자의 상태가 더 나빠진다. 그러므로 간호인은 치매노인의 능력 정도를 파악하고, 일단 할 수 없게 된 것은 그대로 받아들이는 것이 좋다.

4) 간호하는 가족의 건강도 중요하다

치매노인을 돌보는 간호인은 많은 에너지가 필요하다. 따라서 치매노인을 돌보는 간호인은 건강해야 하고, 피로하지 않게 해야 한다. 간호인이 피로하고 힘들다는 생각을 가지고 있다면 치매노인을 잘 돌볼 수 없다.

간호인이 가족인 경우는 치매노인의 간호를 혼자보다는 나눠서 하고, 가족의 간호가 불가능하면 전문 간병인의 도움을 이용하는 것이 좋다. 가족은 전문 간병인을 도와주려는 자세를 가지고 있어야 한다.

5) 노인의 자존심을 존중해준다

치매노인이 문제행동을 하면 간호인이 노인을 함부로 대하거나 어린노인 취급하는 경우가 있다. 그러면 치매노인의 자존심을 상하게 해 더 나쁜 문제행동을 유발하는 경우가 많다. 또한 간호인이 치매노인을 함부로 대하게 되면 자신이 죄의식을 갖기도 한다. 치매노인의 문제행동은 사람이 나빠서가 아니라 질병에 의한 증상이라고 생각해야 한다.

6) 치료법에 너무 의존하지 않는다

지금까지 나온 치매 치료법은 완치보다는 치매를 지연시키는 데 효과는 있다. 최근 치매 증상을 줄이거나 진행을 느리게 하는 여러 치료법이 개발되고 있으나, 너무 치료법에만 의존하지 말고 정기적으로 전문 의사한테 상태를 점검받는 것이 좋다.

7) 노인의 능력을 고려하여 대화를 해야 한다

치매노인은 인지기능이 저하하면서 다른 사람의 말을 이해하는 능력도 떨어지고 자신을 표현하는 능력도 떨어진다. 그러므로 이러한 노인의 능력을 고려하여 인내심을 가지고 말을 잘 들어주어야 한다.

노인에게 말할 때는 쉽고 간략하게 해야 하며, 한 번에는 하나의 내용을 간단하게 말하는 것이 좋다. 간호인이 큰소리를 지르면 노인이 흥분하게 되어 오히려 더 이해하지 못하게 된다.

8) 식사에 도움을 주어야 한다

치매노인의 능력에 따라 스스로 식사를 할 때는 문제가 되지 않지만 점차 혼자 식사하기가 어려울 때는 떠먹여주어야 한다. 씹지 못하거나 삼키기 어려우면 튜브로 식사를 공급해야 하는 경우도 있다. 잘 삼키지 못하는데 억지로 먹이면 음식이 기도를 막아 위험해질 수 있다.

9) 목욕은 치매노인이 원하는 방법으로 한다

목욕을 시키려면 거부하거나 자기가 원하는 방법으로 하려고 한다. 이때 강제로 하면 목욕을 거부하기 때문에 가능한 치매노인이 기분 좋을 때 하는 것이 좋으며, 목욕은 치매노인이 원하는 방법으로 해주는 것이 좋다.

목욕을 시킬 때는 플라스틱 의자를 욕조 안에 놓고 앉히거나 변기 위에 노인을 앉힌 후에 샤워를 시키는 것이 편리하다. 로션을 발라주는 경우 바닥에 떨어지면 미끄러우니 주의해야 한다.

2. 치매환자의 문제 행동 대처법

갑자기 집에 치매환자가 생겼다는 것만 해도 충격적이지만 치매환자한테 생각지도 못했던 다양한 증상들이 나타난다.

처음에는 단순히 기억력이 감소하기 시작하고, 나중에는 행동에도 장애가 생겨 일상생활에 불편을 겪을 뿐만 아니라, 심지어는 간호하는 사람들에 대한 공격적인 행동도 나타난다. 따라서 치매환자를 간호하거나 가족으로 함께 살아가기 위해서는 치매환자에게서 나타나는 문제행동에 대한 대처 방법을 알고 있어야 한다.

치매환자에 나타나는 문제행동에 대한 대처 방법은 다음과 같다.

1) 기억력이 감퇴한 경우
● 메모 등을 이용해서 적어두게 한다.
● 시계, 달력을 걸어두고 자꾸 인식시킨다.
● 수시로 일상생활에 대한 기억을 질문해서 기억하게 한다.
● 외출할 때는 연락처가 적힌 명찰을 옷에 붙여주거나 신원확인 팔찌를 착용하게 한다.

2) 언어와 의사소통 장애가 나타난 경우
● 같이 책을 읽는다.
● 보호자와 함께 단어를 찾는 훈련을 한다.
● 잊어버린 단어는 뜻을 알려주고 사용하게 한다.

3) 운동기능 장애가 나타난 경우
● 스트레칭 같은 근육이완운동을 시킨다.
● 걷기 같은 유산소운동을 지속적으로 한다.

- 식사 시 수저를 사용하기보다는 손가락으로 먹게 한다.

4) 비명을 지르거나 고함치는 경우
- 소리치면 안 되는 이유를 설명해준다.
- 다음부터는 그러지 않도록 주의를 환기시켜본다.
- 손을 잡아주며 다정히 대해준다.

5) 반복행동이 나타난 경우
- 반복행동을 한다는 것은 환자의 요구사항이 있다는 것을 표현하는 것이기에 빠르게 해결해 주어 짜증이나 화를 내지 않도록 한다.
- 반복행동의 원인이 무엇인지를 알아서 해결해준다.
- 원인을 해결해주기 어려울 때는 대화로 어려운 이유를 설명하고 설득한다.

6) 공격적이거나 난폭한 행동이 나타난 경우
- 치매환자에게 공격적이거나 난폭한 행동이 나타나면 거부의사의 표현일 수도 있기 때문에 먼저 무리한 요구였는지를 판단한다.
- 아무 이유 없이 공격적이거나 난폭한 행동이 나타나면 상황에 대한 잘못된 이해와 판단 때문이므로 그렇게 해서는 안 되는 이유를 설명해준다.

7) 실금 · 실변 증상이 나타난 경우
- 환자가 대소변 실수를 한 것에 대해 나무라지 않도록 한다.
- 수분과 섭취하는 음식물의 질과 양을 조절하여 실금 · 실변을 줄여야 한다.
- 취침 전 2시간 전을 제외하고 낮 동안에는 충분한 수분을 섭취하게 하는 것이 실금 · 실변을 줄일 수 있으며, 방광의 건강유지에 유익하다.
- 식사나 간식을 먹고 나면 30분 후에는 반드시 화장실로 모시고 가서 배뇨와 배변을 하는 습관을 길러준다.
- 실금 · 실변 증상의 통제가 어려운 경우에는 기저귀를 사용한다.
- 실금 · 실변 증상이 심한 경우에는 비뇨기적 검사나 부인과 검진을 받도록

한다.
- 화장실을 찾지 못하여 실금이 있다면 문을 항상 열어두는 것이 좋다.

8) 기타의 경우
- 밤이 되면 상태가 더욱 나빠지는 경향이 있는데 그럴 때는 밤에 약한 불을 켜놓는다.
- 치매환자가 의존적인 행동을 하면 관심을 가져준다. 예를 들어 옷을 갈아입힐 때 옷을 환자의 눈앞에 순서대로 늘어놓고 환자에게 옷을 입어야 한다는 것으로 이해시키며 환자 스스로 옷을 입을 수 있도록 도와준다.
- 치매환자가 초조해하거나 불안해하면 관심을 끌만한 것을 제공하여 주위를 환기시킨다.

3. 치매환자의 안전을 위한 주변 관리

치매가 심해질수록 판단력과 신체기능이 현저하게 떨어지기 때문에 환자를 보호하기 위해서는 다음과 같은 환경관리를 해주어야 한다.

1) 집안과 부엌의 안전을 점검한다

- 환자가 다니는 길의 환경을 단순하게 한다.
- 환자가 다치거나 공격적인 행동을 할 때 사용할 수 있는 위험한 물건은 치운다.
- 층계에는 잡기 쉬운 손잡이나 난간을 만들도록 한다.
- 층계 끝이 잘 보이도록 색 테이프를 붙인다.
- 환자가 이동하는 길에는 넘어질 수 있는 장애물을 제거한다.
- 애완동물은 키우지 않는 것이 좋다.
- 음식물을 잘 보관하여 환자가 마음대로 음식을 먹지 않도록 한다.
- 부엌의 가스관은 꼭 안전하게 잠근다.
- 가구이동이나 이사 같은 환경변화는 환자를 불안하게 하기 때문에 환경변화를 줄여야 한다.
- 자극적인 TV화면은 환자에게 공포감이나 환상을 만들어내기 때문에 주의해야 한다.

2) 환자와 관련된 물건을 관리한다

- 환자는 자신의 소중한 물건을 자주 잊어버리므로 환자만의 전용상자를 만들어주어 잊어버리지 않도록 한다.
- 환자가 물건을 감추는 경우 집안의 물건을 간소화하여 쉽게 다시 찾을 수 있도록 한다.
- 환자가 중요한 것이나 귀중품을 휴지통에 버릴 때도 있으니, 휴지통을 비울

때는 반드시 내용물을 확인하고 중요한 물건은 잘 보관해둔다.
- 하수구에 귀중품을 버리는 경우가 있으므로 배수관에 망을 씌워둔다.

3) 안전사고 및 위급한 경우에 대비한다
- 기본적인 응급처치 방법을 알아둔다.
- 응급처치에 필요한 약품을 미리 준비해둔다.
- 긴급연락처(치매상담자, 병원, 치매센터, 소방서, 경찰서 등)를 알아둔다.
- 도움을 청할 수 있는 가까운 가족, 친척, 이웃, 친구 등 연락처를 알아둔다.

4) 가족도 간호방법을 알아야 한다
- 우선 보호자가 충분히 쉬어야 에너지를 재충전해서 간호를 할 수 있다. 따라서 간호를 혼자보다는 다른 가족과 교대하거나, 휴가를 가서 충전하거나, 주간보호센터에 환자 보내는 방법도 고려해야 한다.
- 주위의 치매에 대한 비전문가의 말에 현혹되어서는 안 된다. 중요한 사안이거나 어려운 문제가 생기면 꼭 담당 의사나 간호사와 상의하여야 한다.
- 환자가 실수하거나 잘못하는 경우에도 화를 내지 않는다.
- 환자에게 칭찬을 해주고 친절하게 대한다.
- 환자가 수치스러운 이상행동을 했을 때 나무라지 말고 수용해주어야 한다.
- 가족이 환자와 질병에 대한 느낌을 표현하도록 하고 정서적 지지를 해준다.
- 소그룹 활동(가족모임), 치매환자를 위한 복지관이나 시설 등의 정보를 알고 최대한 이용한다.

4. 치매예방을 이해하기 위한 노화현상

노화는 질병이나 사고에 의한 것이 아니라 시간이 흐름에 따라 생체 구조와 기능이 쇠퇴하는 현상을 말한다. 즉 노화는 수정, 태아, 유아, 노인, 청소년, 성인, 노인, 죽음에 이르기까지 시간의 경과와 더불어 서서히 사람의 모든 장기 기능이 저하되거나 정지되어가는 과정을 말한다.

노화는 누구에게나 예외 없이 찾아오는 현상이며, 생체 내에서 지속적으로 진행하는 변화이고, 생명체 고유의 내재적 변화에 따라 초래되는 현상이다. 노화에 따른 변화는 대부분 기능 저하를 동반하는 형태적 변화 현상이다. 노화에 나타나는 생물학적 특성을 보면 다음과 같다.

• 소화기능 : 나이가 들면서 침의 분비, 위액, 소화효소가 감소하며 이는 칼슘과 철과 같은 무기질의 분해와 흡수를 어렵게 하여 골격계 질환을 가져오거나 빈혈이 증가한다.

• 혈액순환기능 : 고혈압, 동맥경화증, 뇌졸중 등이 나타난다.

• 호흡기능 : 폐에 들어와서 순환되지 않고 남아 있는 호흡의 양이 점점 증가하여 폐 등 호흡기 질환의 주된 원인이 되기도 한다.

• 기초대사기능 : 기초대사율은 감소하고 탄수화물 대사율은 증가한다. 이것은 인체 내부에 당분이 적절히 유통되지 못하고 혈액에 정체되어 남아 당뇨병의 원인이 된다.

• 신장기능 : 인체 내의 수분과 전해질의 균형, 산과 염기의 평형, 체내 노폐물의 배설 등을 담당하는 기능이 저하된다.

• 비장기능 : 당을 조절하는 인슐린의 생산 저하를 가져옴으로써 노인성 당뇨병의 발생률을 증가시킨다.

• 간과 담낭기능 : 간세포가 줄어들어 간의 질량이 낮아지고, 재생력이 감소하며, 담즙을 구성하고 있는 성분들의 고형화로 담석증에 걸릴 가능성이 높아

진다.

• 수면 : 불면현상이 나타나는데 불면은 노년기의 우울증이나 신경증, 죽음에 대한 공포 등 심리적 문제로 인해 발생하기도 한다.

• 방광기능 : 산성성분과 요소성분의 감소에 의해 야뇨현상이나 방광염을 유발한다.

• 생식기능 : 여성은 폐경, 남성의 경우는 생식능력을 상실한다.

• 피부 : 신진대사의 약화로 인해 세포분열이 느려져서 상처의 치유속도가 늦어지며, 피부의 신경세포와 혈관이 감소하여 체온 조절력이 감소한다.

• 골격 : 뼈가 약해지고 골다공증이 발생한다.

• 근육 : 근육이 약화된다.

• 신장과 체중 : 신장과 체중이 줄어든다.

• 치아 : 이가 점차 빠진다.

• 시각기능 : 40세 이후부터 동공 근육의 탄력성이 약화되고 수정체 내부의 섬유질이 증가하여 근거리를 보기 어렵고 시각이 흐려지는 노안이 발생한다.

• 청각기능 : 50세 전후 난청현상이 나타나기 시작한다.

• 미각기능 : 40세 이후부터 서서히 미각 세포가 감소하다가 60세 후반부터 감소현상이 증가하고 70세경에 되면 단맛과 짠맛을 점차 느끼지 못한다.

• 통각기능 : 질환을 파악하는 능력, 질환의 고통을 감지하는 능력이 떨어진다.

• 촉각기능 : 피부의 노화에 따라 촉각 기능이 저하된다.

• 후각기능 : 후각과 폐의 기능이 약화될수록 후각 기능이 떨어진다.

노화는 정상적으로 나이를 먹어감에 나타나기도 하지만, 병에 걸리거나 강력한 스트레스에 시달려도 급속하게 시작된다. 실제로 당뇨병이나 관절염은 유전이나 생활양식에 기인하여 이루어지는 질병에 의한 노화이다.

노화 기준은 과거에는 주로 생물학적인 부분을 이야기하여 나이만 많으면 늙었다고 하였다. 그러나 요즘은 나이는 먹었지만 같은 나이에 비해 젊어 보인다고 하는 것이나, 나이는 젊은 데 나이보다 늙어 보인다고 하는 것을 보면 노화를 무조건 생물학적 변화로만은 설명할 수 없다.

실제로 60세인 사람이 45세와 같은 신체 연령을 가질 수도 있고, 그 반대로 45세인 사람이 80세 노인의 신체 연령을 가질 수도 있다. 또한 나이가 들었지만 젊게 꾸미고 다니는 사람이 있는 반면 나이는 젊은데 노인처럼 하고 다니는 경우가 있다. 따라서 노화의 기준은 생물학적인 변화 이외에도 심리학적인 변화 및 사회적 변화 과정까지를 다 포함한다.

심리학적인 변화는 마음으로 노화를 느끼는 현상을 말한다. 즉 생물학적인 노화가 이루어지더라도 심리적인 노화가 이루어지지 않으면 젊게 살 수 있지만, 심리적인 노화가 찾아오면 생물학적인 노화가 늦더라도 더욱 늙어 보이기도 한다. 실제로 심리적으로 노화가 이루어지면 몸과 마음이 더욱 쇠잔하고, 초췌해지면서 더욱 무기력해진다.

사회학적인 노화는 사회에서 직업적, 생산적 활동으로부터 은퇴하면서 새로운 삶을 조정해가는 과정을 말한다. 사람이 은퇴를 하면 생활 습성의 변화가 생기므로 기상과 취침 시간의 변화, 교통수단의 변화, 식사 장소와 습성의 변화, 만나는 사람들의 사회적 계층 변화가 생긴다. 따라서 사회학적 노화는 우울증, 소외와 고독감, 무력감, 정서의 불안 등을 가져올 수 있다.

참고 문헌

곽이섭·엄상용(2005). 1년간의 복합 운동프로그램이 남성 치매환자의 운동 능력과 인지 기능에 미치는 영향. 생명과학회지.

국민건강보험공단(2014). 국민건강보험 보도자료.

국민건강보험공단(2013). 보도자료 '내 기억00과의 싸움 치매. 최근 6년간 65세 이상 노인환자 3배 증가.'

국민일보(2008.8.18)기사 인용. '중년 흡연자 기억력 가물가물'

국민일보(2009.6.9)기사 인용. '지중해식단 가벼운 치매예방'

김상우·이채정(2014). 치매관리사업의 현황과 개선과제. 국회예산 사무처.

김설향(2005). 치매 노인을 위한 신체자극 운동프로그램 개발. 한국사회체육학회지

김은주(2010). 재가노인의 인지기능장애 영향을 미치는 요인. 동서간호학연구지. 16(2).

김준환·안종태·황미영·손영환·장은하(2016). 충청북도 노인건강지원 사업평가 및 개선방안 연구

김춘남(2013). 노인 장기요양대상자 사각지대 해소방안 연구 : 재가노인 복지사업을 중심으로. 경기복지재단.

노호성외(1999). 본태성 고혈압 환자의 혈압과 순환기능의 향상을 위한 적정 운동시간. 대한스포츠의학회지.

백경숙·권용신(2008). 치매노인 주부양자 부양부담이 심리적 복지감에 미치는 영향. 노인복지연구. 39.

보건복지부(2012). 2012년 치매 유병률 조사. 보건복지부(2012). 제2차 국가치매관리종합계획(2013~2015).

보건복지부(2013). 2012년 치매유병율조사.

보건복지부(2015). 한국인 영양소 섭취기준. 보건복지부.

보건복지부·중앙치매센터(2016). 대한민국치매현황.

보건복지가족부(2017). 치매관리종합대책.

보건복지부·중앙치매센터·국민건강보험공단(2014). 치매전문교육 기본교재 1.

분당서울대병원(2014). 제3차 국가치매관리종합계획 사전기획연구.

세계일보(2006.12.23) 기사 인용. 노인성 치매환자 '4년새 3배'.

유애정·이호용·김경아(2015). 장기요양기관의 케어 전문성 강화 방안 활성화 방안에 관한 연구. 국민건강보험공단 건강보험정책연구원.

이해영(2014). 노인복지론. 창지사.

이인실외(2004). 치매 노인을 위한 운동프로그램이 보행능력에 미치는 영향. 대한물리치료 학회지 제 13권 3호.

이경주·이기령·양수·전원희(2008). 치매노인의 삶의 질과 관련요인. 정신간호학회지. 제 17권 제3호.

전도근(2008). 우리 집 밥상에서 더할 음식 & 뺄 음식. 북포스.

전도근(2010). 스트레스 역설의 건강학. 책과 상상.

전도근(2018). 치매교육의 이론과 실제. 해피&북스.

조유향(2006). 치매노인케어론. 집문당.

중앙치매센터(2017). 치매오늘은.

통계청(2014). 2012년 치매유병율 조사.

행정안전부(2018). 2018년 주민등록 인구통계.

저자소개 : 장 미경

　　저자는 동신대학교 일본어학과를 졸업하고, 동경제과전문학교 양과자과를
졸업하였다. 일본에서 웨딩케익과 슈가케익전문점 'Anyversary' 및 한국요
리전문점 '처가방(妻家房)'에서 근무하며, 케익류와 한식에 대한 전문적인 연
구를 하였다.

　　귀국 후 한국요리, 일본요리에 대한 연구를 하였으며, 일본어 강사와 베이
커리 전문점을 직접 경영하였다. 이후 바른식단연구소를 설립하여 건강과 요
리에 대한 관심을 가지고 아동요리, 푸드테라피에 대한 연구를 하였으며, 아
동요리, 바른식생활, 건강한 영양식단, 자존감 향상, 인성과 감정 코칭, 치매
예방을 위한 식단 등을 기업, 복지기관, 평생교육기관 및 초중고에서 강의와
메뉴개발 및 컨설팅을 하고 있다. 2018년 교육부에서 주최한 대한민국 평생
교육 강의경연대회에서 장려상을 수상하였다.

치매예방을 위한 영영과 식단

초판1쇄-2018년 10월 31일

지은이-장미경
발행인-이규종
펴낸 곳-예감출판사
등록-제2015-000130호
주소-경기도 고양시 일산동구 공릉천로 175번길 93-86
전화-031)962-8008
팩시밀리-031)962-8889
홈페이지-www.elman.kr
전자우편-elman1985@hanmail.net
ISBN - 979-11-89083-33-5(13690)

값 15,000원